トクとトクイになる！ 小学ハイレベルワーク
1年 算数　もくじ

JN085431

＋特別ふろく★

1	巻末ふろく	しあげのテスト
2	WEBふろく	WEBでもっと解説
3	WEBふろく	自動採点CBT

WEB CBT(Computer Based Testing)の利用方法
コンピュータを使用したテストです。パソコンで下記 WEB サイトへアクセスして、アクセスコードを入力してください。スマートフォンでのご利用はできません。

アクセスコード／Ambbbb57
https://b-cbt.bunri.jp

この本の特長と使い方

この本の構成

標準レベル ✦

実力を身につけるためのステージです。

教科書で学習する，必ず解けるようにしておきたい標準問題を厳選して，見開きページでまとめています。

例題でそれぞれの代表的な問題に対する解き方を確認してから，演習することができます。

学習事項を体系的に扱っているので，単元ごとに，解けない問題がないかを確認することができるほか，先取り学習にも利用することができます。

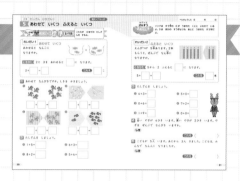

ハイレベル ✦✦

応用力を養うためのステージです。

「算数の確かな実力を身につけたい！」という意欲のあるお子様のために，ハイレベルで多彩な問題を収録したページです。見開きで1つの単元がまとまっているので，解きたいページから無理なく進めることができます。教科書レベルを大きくこえた難しすぎる問題は出題しないように配慮がなされているので，無理なく取り組むことができます。各見開きの最後にある「できたらスゴイ！」にもチャレンジしてみましょう！

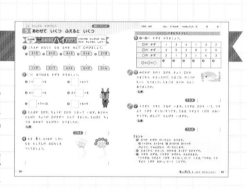

思考力育成問題

知識そのものでなく，知識をどのように活用すればよいのかを考えるステージです。

やや長めの文章を読んだり，算数と日常生活が関連している素材を扱ったりしているので，考える力を養う土台を形づくることができます。肩ひじを張らず，楽しみながら取り組んでみましょう。

それぞれの問題に，以下のマークのいずれかが付いています。

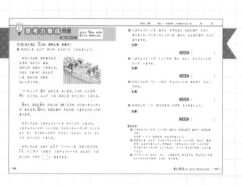

❓…思考力を問う問題　　✏…表現力を問う問題　　🔍…判断力を問う問題

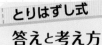

とりはずし式 答えと考え方　ていねいな解説で，解き方や考え方をしっかりと理解することができます。まちがえた問題は，時間をおいてから，もう一度チャレンジしてみましょう。

『トクとトクイになる！ 小学ハイレベルワーク』は，教科書レベルの問題ではもの足りない，難しい問題にチャレンジしたいという方を対象としたシリーズです。段階別の構成で，無理なく力をのばすことができます。問題にじっくりと取り組むという経験によって，知識や問題に取り組む力だけでなく，「考える力」「判断する力」「表現する力」の基礎も身につき，今後の学習をスムーズにします。

おもなマークやコーナー

 マーク

「ハイレベル」の問題の一部に付いています。複数の要素を扱う内容や，複雑な設定が書かれた文章題などの，応用的な問題を表しています。自力で解くことができれば，相当の実力がついているといえるでしょう。ぜひチャレンジしてみましょう。

 ものしり さんすう まめちしき

「標準レベル」の見開きそれぞれについている，算数にまつわる楽しいこぼれ話のコーナーです。勉強のちょっとした息抜きとして，読んでみましょう。

役立つふろくで，レベルアップ！

❶ トクとトクイに！ しあげのテスト

この本で学習した内容が確認できる，まとめのテストです。学習内容がどれくらい身についたか，力を試してみましょう。

❷ さらに深めよう！ WEBでもっと解説

読むだけで勉強になる，WEB掲載の追加の解説です。
問題を解いたあとで，あわせて確認しましょう。
右のQRコードからアクセスしてください。

❸ 一歩先のテストに挑戦！ 自動採点CBT

コンピュータを使用したテストを体験することができます。専用サイトにアクセスして，テスト問題を解くと，自動採点によって得意なところ（分野）と苦手なところ（分野）がわかる成績表が出ます。

「CBT」とは？

「Computer Based Testing」の略称で，コンピュータを使用した試験方式のことです。
受験，採点，結果のすべてがコンピュータ上で行われます。
専用サイトにログイン後，もくじに記載されているアクセスコードを入力してください。

 https://b-cbt.bunri.jp

※本サービスは無料ですが，別途各通信会社からの通信料がかかります。
※推奨動作環境：画角サイズ 10インチ以上　横画面
　[PCのOS] Windows10以降　　[タブレットのOS] iOS14以降
　[ブラウザ] Google Chrome（最新版）　Edge（最新版）　safari（最新版）
※お客様の端末およびインターネット環境によりご利用いただけない場合，当社は責任を負いかねます。
※本サービスは事前の予告なく，変更になる場合があります。ご理解，ご承認いただきますよう，お願いいたします。

1 なかまづくり

答え▶2ページ

たしかめよう ★ ★ ★ 標準レベル

おなじ なかまの かずを かぞえよう。かずを くらべよう。

れいだい1 いくつ あるかな

トマトと なすの かずだけ, いろを ぬりましょう。

ときかた かずの ぶんだけ ○に いろを ぬります。

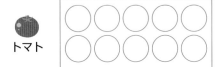
トマト

なす
 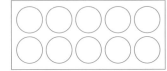

1 えを 見て, こたえましょう。

① ⚽を ○で かこみましょう。

② 🏀と 🏈の かずだけ,
いろを ぬりましょう。

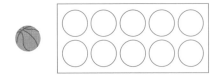

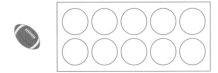

2 イチゴと バナナの かずだけ, いろを ぬりましょう。

さいころの　目を　見て　みよう。1の　目の　はんたいがわには 6, 2の　目の　はんたいがわには　5, 3の　目の　はんたいがわ には　4が　かかれて　いるよ。どれも, たしたら　7に　なるね。

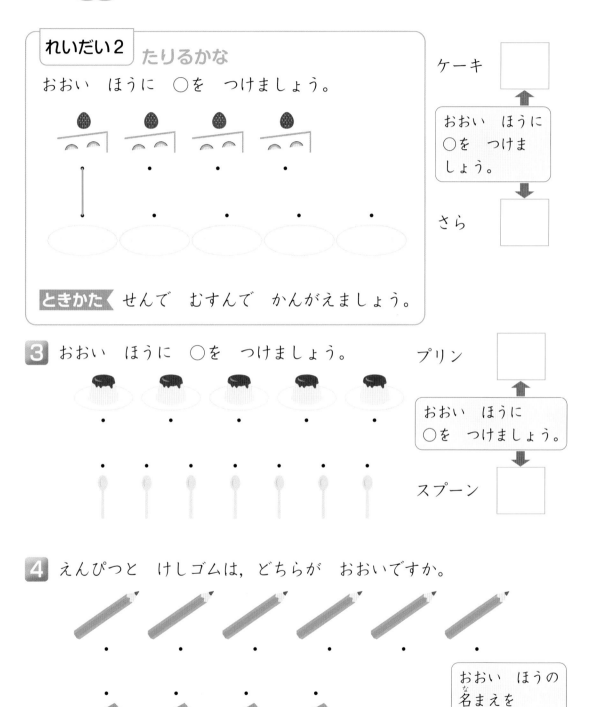

れいだい2　たりるかな

おおい　ほうに　○を　つけましょう。

ときかた　せんで　むすんで　かんがえましょう。

ケーキ □

おおい　ほうに ○を　つけま しょう。

さら □

3 おおい　ほうに　○を　つけましょう。

プリン □

おおい　ほうに ○を　つけましょう。

スプーン □

4 えんぴつと　けしゴムは, どちらが　おおいですか。

おおい　ほうの 名まえを かきましょう。

(　　　　　　　　　)

5

答え▶2ページ

1 なかまづくり

 **ハイ** レベル

> かずを くらべよう。おおい, すくないを かんがえよう。

❶ おなじ なかまの かずだけ, ○を ぬりましょう。

② どちらが　おおいですか。おおい　ほうに　○を　つけましょう。

❶ （　　　）　　　（　　　）　　　❷ （　　　）　　　（　　　）

③ くまに　アイスクリームを　1つずつ　わたします。

アイスクリームの　かずは　たりますか。

○に　いろを　ぬって　しらべましょう。

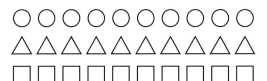

（　　　　）たりる・たりない（　　　　）　○を　つけましょう。

✦✦✦ できたらスゴイ！

④ えを　見て，こたえましょう。

❶ しるしの　かずだけ，いろを

ぬりましょう。

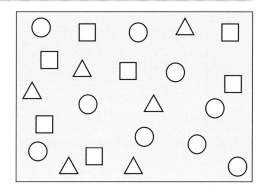

○○○○○○○○○○

△△△△△△△△△△

□□□□□□□□□□

❷ かずが　いちばん　おおい　しるしは　どれですか。

❸ かずが　いちばん　すくない　しるしは　どれですか。

!ヒント

④ ❶ かぞえもれや　かぞえまちがいを　ふせぐために，かぞえた　しるし
　　を　つけて　いきましょう。
❷❸ ❶を　もとに　かんがえましょう。

2 10までの　かず①

たしかめ
よう　　　標準レベル

5までの　かずを
かぞえよう。

れいだい1　5までの　かず

かずが　おなじ　ものを，せんで　むすびましょう。

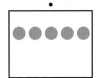

 2　5　4　3　1

ときかた　おなじ　かずの　なかまを　むすびます。

1 かずを　かぞえて，すう字で　かきましょう。

❶ 　　❷

（　　　）こ　　　　　　　　　（　　　）こ

2 ● が　1つ　ふえると，いくつに　なりますか。

❶ 　　❷ 　　❸

（　　　）つ　　　（　　　）つ　　　（　　　）つ

さんすう
まめちしき

1や 2など, さんすうで つかわれる すう字の ことを 「さんようすう字」 というよ。0 1 2 3 4 5 6 7 8 9 の 10しゅるいだね。

れいだい2　どちらが おおい

おおい ほうに ○を つけましょう。

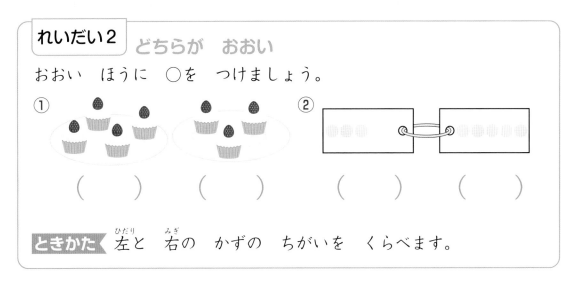

①　　（　　）　　　（　　）　　　②　　（　　）　　　（　　）

ときかた　左と 右の かずの ちがいを くらべます。

---

3 おおい ほうに ○を つけましょう。

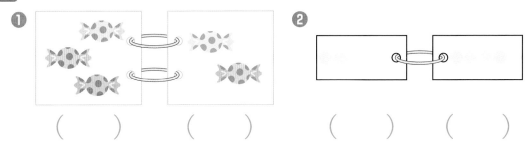

❶　（　　）　　（　　）　　　❷　（　　）　　（　　）

---

4 大きい ほうに ○を つけましょう。

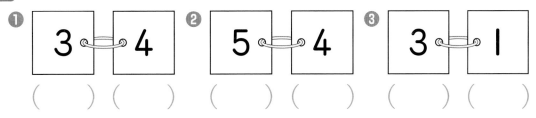

❶ 3　4　　❷ 5　4　　❸ 3　1
（　）（　）　（　）（　）　（　）（　）

---

5 小さい じゅんに なるように □に かずを かきましょう。

❶ 1　　3　　　❷ 2　　4

9

2 10までの かず①

ふかめよう ★★★ ハイ レベル

5までの かずの かぞえかた，ならびかた，しくみの もんだいだよ。

① ● が 1つ へると，いくつに なりますか。

❶ ● ● ●   ❷ ● ●   ❸ ● ● ● ● ●

(　)つ   (　)つ   (　)つ

② □に かずを かきましょう。

❶ 1より 1 大きい かずは [　　] です。

❷ 4より 1 大きい かずは [　　] です。

❸ 3より 1 小さい かずは [　　] です。

❹ 「ご」より 1小さい かずは [　　] です。

③ かずに あうように，あいた さらに ○を かきましょう。

❶ | 3 | ❷ | 5 | ❸ | 4 |

④ あわせて 5に なるように，□に 入る かずを 2くみ かんがえましょう。

❶ 5は [　　] と [　　]   ❷ 5は [　　] と [　　]

5 小さい　じゅんに　ならべましょう。

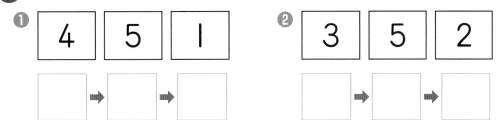

6 大きい　じゅんに　ならべましょう。

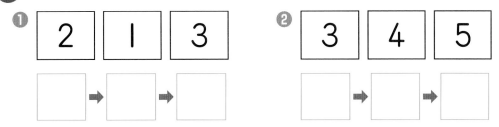

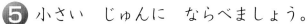 **✦✦✦ できたらスゴイ！**

7 ★は　なんこ　ふえたでしょうか。

❶ (　　　　)こ　　　　　❷ (　　　　)こ

8 5まい入りの　クッキーを　もらいました。のこりの　かずから　たべた　かずを　かんがえましょう。

のこりは
3まい

のこりは
1まい

たべたのは
なんまい？ (　　　　)まい

たべたのは
なんまい？ (　　　　)まい

！ヒント
　7 ❶ 2こから　4こに　なって　います。
　　　 ❷ 3こから　5こに　なって　います。
　8 ❶ 5まいから　3まいに　なって　います。
　　　 ❷ 5まいから　1まいに　なって　います。

答え▶4ページ

3 10までの かず②，0と いう かず

たしかめ よう　標準レベル

0から 10までの かずを かぞえて みよう。

れいだい1　10までの かず

かずが おなじ ものを，せんで むすびましょう。

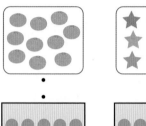

    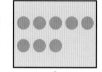

| 10 | 8 | 9 | 6 | 7 |

ときかた　おなじ かずの なかまを むすびます。

---

1 かずを かぞえて，すう字で かきましょう。

❶

❷

（　　　）こ　　　　　　　（　　　）本

2 ● が あと いくつ ふえると，カードに かかれた かずに なりますか。（ ）に かずを かきましょう。

❶ 8 （　　）　　　❷ 7 （　　）

❸  10 （　　）　　　❹  9 （　　）

さんようすう字は　「アラビアすう字」とも　いうよ。アラビアは
がいこくの　ばしょの　名まえだよ。どこに　あるのか　しらべて
みよう。

れいだい2　0と　いう　かず

ケーキは　なんこ　ありますか。すう字で　かきましょう。

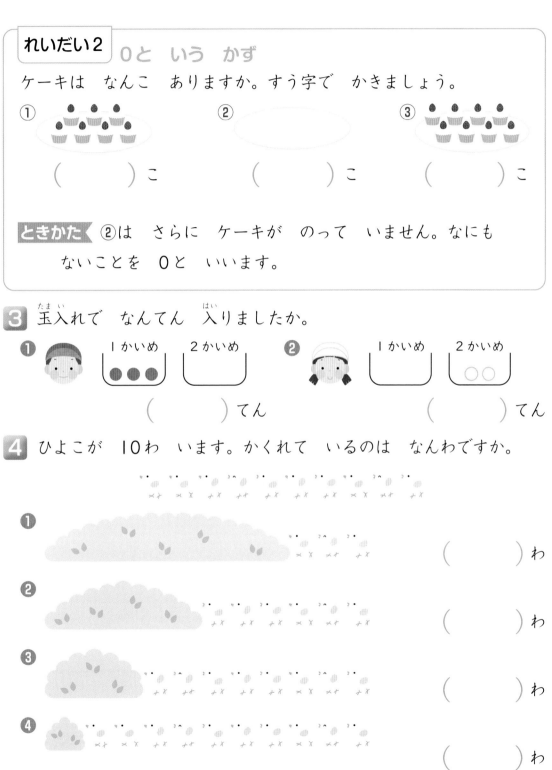

① 　　　　　　　　　　② 　　　　　　　　　　③

（　　　）こ　　　　　（　　　）こ　　　　　（　　　）こ

ときかた　②は　さらに　ケーキが　のって　いません。なにも
　　　　ないことを　0と　いいます。

3 玉入れで　なんてん　入りましたか。

❶ 　　1かいめ　2かいめ　　❷ 　　1かいめ　2かいめ

（　　　）てん　　　　　　　（　　　）てん

4 ひよこが　10わ　います。かくれて　いるのは　なんわですか。

❶ 　　　　　　　　　　　　　　　　　　　（　　　）わ

❷ 　　　　　　　　　　　　　　　　　　　（　　　）わ

❸ 　　　　　　　　　　　　　　　　　　　（　　　）わ

❹ 　　　　　　　　　　　　　　　　　　　（　　　）わ

13

答え▶5ページ

3 10までの かず②, 0と いう かず

ふかめよう ★★★ ハイ レベル

10までの かずの しくみが わかるように なろう。

① かずを 大きい じゅんに ならべましょう。

| 2 | 4 | 10 | 0 | 7 | 3 | 6 | 9 |

(☐ ☐ ☐ ☐ ☐ ☐ ☐ ☐)

② すう字の かずに なるように, ○を かきたしましょう。
○が おおい ときは, ×で けしましょう。

❶ 8 ○○○○○○☐☐☐

❷ 7 ○○○○○○○○

❸ 10 ○○○○○○○☐

❹ 0 ○○○☐☐☐☐☐

❺ 6 ○○○○☐☐☐☐

③

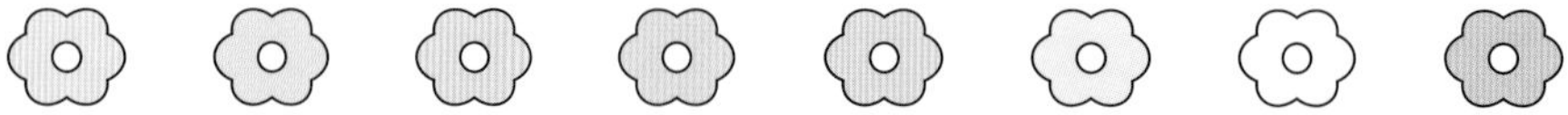

❶ この 8この おはじきを 10こに するには, あと なんこ
あれば よいですか。

☐ こ

❷ この 8この おはじきを 3こに するには, なんこ とれば
よいですか。

☐ こ

❸ この 8この おはじきを 2人で おなじ かずに なるように
わけると, なんこずつに なりますか。

☐ こずつ

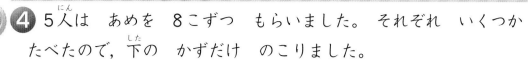

✦✦✦ できたらスゴイ！

❹ 5人は　あめを　8こずつ　もらいました。　それぞれ　いくつか
たべたので，下の　かずだけ　のこりました。

| てつや | あやか | ゆうた | ゆきな | だいき |

❶ 3こ　たべた　人は　だれですか。　　　　　（　　　　　）さん

❷ いちばん　おおく　たべた　人は　だれですか。（　　　　　）さん

❸ 2ばん目に　おおく　たべた　人は，2ばん目に　おおく　のこした
人より　なんこ　おおく　たべましたか。　　　　（　　　　　）こ

❺ ボールが　赤い　はこに　5こ，青
い　はこに　3こ，きいろい　はこに
10こ　入って　います。どこの　は
こも　おなじ　かずに　するには，どれから　どれへ　なんこ　入れた
ら　よいですか。

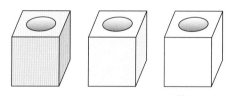

（　　　　　）はこから　（　　　　　）はこへ　（　　　　　）こ　入れて，
（　　　　　）はこから　（　　　　　）はこへ　（　　　　　）こ　入れる。

!ヒント
❹❶ のこりの　かずから，5人の　たべた　かずを　せいり　しましょう。
　　てつやさんは　3こ　のこって　いるから，たべたのは　5こだと
　　わかります。　　　　　　　　　赤　→●●●●●
❺ はじめは　右の　ように　　　　青　→●●●
　　入って　います。　　　　　　きいろ→●●●●●●●●●●

4 なんばん目

たしかめよう ・◆・◆・ 標準レベル

じゅんばんや ばしょの あらわしかたを たしかめよう。

れいだい1 なんばん目かな

えを 見て, こたえましょう。

〈まえ〉 たけし ちひろ あきら ひかる かおり よしき なおこ ゆきな こうじ 〈うしろ〉

① まえから 3人を せんで かこみましょう。

② まえから 5人目は だれですか。 （　　　　　）さん

ときかた 「まえから ○人」と,「まえから ○人目」の ちがいに 気を つけましょう。

---

1 あてはまる ものを ○で かこみましょう。

❶ 左から 5本目の バナナ

〈左〉 〈右〉

❷ 右から 6さつの 本

〈左〉 〈右〉

❸ 左から 5こ目と 右から 4こ目との あいだの ボール

〈左〉 〈右〉

❹ まえから 8ひき目の 犬の すぐ うしろの 犬

〈まえ〉 〈うしろ〉

さんようすう字の　もとに　なった　すう字は　おおむかしの
インドと　いう　くにで　つかわれていた　すう字だよ。

れいだい2　ばしょは　どこかな

□に　あてはまる　かずや　ことばを　かきま
しょう。

① 上から　7ばん目に　あるのは

　□　です。

② 下から　6ばん目に　あるのは

　□　です。

③ ケーキの　下には　□　つの　たべも
のが　あります。

いちご
ケーキ
みかん
ドーナツ
バナナ
おにぎり
りんご
あ　め

ときかた　「上から」,「下から」に　ちゅういしましょう。

---

2 やさいが　たなに　ならんで　います。

❶ 上から　2ばん目で, 左
から　3ばん目の　たな
に　ある　やさいは　な
んですか。

　（　　　　　　）

❷ 下から　3ばん目で, 右
から　2ばん目の　たな
に　ある　やさいは　な
んですか。

　（　　　　　　）

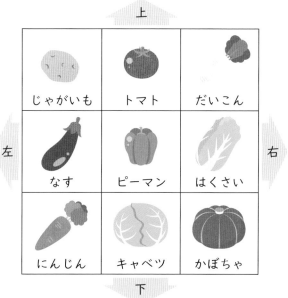

答え▶6ページ

4 なんばん目

ふかめよう ★★★ ハイ レベル

> じゅんばんや ばしょの あらわしかたを もっと くわしく しろう。

❶ 子どもが 10人 ならんで います。じゅんやさんは まえから 4人目です。わかなさんは うしろから 3人目です。□に かずを かきましょう。

〈まえ〉　　　　　　　　　　　　　　　　　　　　〈うしろ〉

❶ じゅんやさんの うしろには ☐ 人 います。

❷ ちあきさんは じゅんやさんの すぐ まえに います。ちあきさんは うしろから ☐ ばん目です。

❸ じゅんやさんと わかなさんの あいだには ☐ 人 います。

❹ けんたさんは わかなさんの すぐ うしろに います。けんたさんと ちあきさんの あいだには ☐ 人 います。

❷ □に あてはまる かずを かきましょう。

〈左〉 3 1 7 6 9 4 2 8 〈右〉

❶ いちばん 大きい かずは 左から ☐ ばん目です。

❷ 3ばん目に 小さい かずは 右から ☐ ばん目です。

❸ 2ばん目に 大きい かずと，4ばん目に 小さい かずに はさまれた かずは 左から ☐ ばん目です。

✦✦✦ できたらスゴイ！

❸ えを　見て，もんだいに　こたえましょう。

〈左〉　　　　　　　　　　　　　　　　　　　　　　　　　　　〈右〉

❶ いちばん　右の　白い　はたは，左から　なんばん目ですか。
（　　　　）ばん目

❷ いちばん　左の　赤い　はたの　右どなりの　はたは，右から　なんばん目ですか。
（　　　　）ばん目

❸ きいろい　はたの　左どなりの　赤い　はたと，青い　はたの　右どなりの　白い　はたとの　あいだには，はたは　なん本　ありますか。
（　　　　）本

❹ いちばん　左の　白い　はたの　右に　ならんで　いる　はたの　かずと，いちばん　右の　青い　はたの　左に　ならんで　いる　はたの　かずの　ちがいは　なん本ですか。
（　　　　）本

❹ 子どもが　10人　1れつに　ならんで　います。まりえさんの　すぐ　うしろには　たくやさんが　います。まりえさんは　まえから　5ばん目です。たくやさんは　うしろから　なんばん目ですか。
（　　　　）ばん目

❗ヒント
❸ ❷「いちばん　左の　赤い　はたの　右どなりの　はた」は，左から　3ばん目の　きいろい　はたです。
❹「いちばん　左の　白い　はたの　右に　ならんで　いる　はたの　かず」は，9本です。
❹ もんだいを　えに　かいて　かんがえましょう。まりえさんは　まえから　5ばん目。たくやさんは，まりえさんの　すぐ　うしろだから，まえから　6ばん目に　なります。

5 あわせて いくつ ふえると いくつ

たしかめよう ✦✦✦ 標準レベル

こたえが 10までの たしざんを するよ。

れいだい1 あわせて いくつ

あわせると なんこに
なりますか。

ときかた 2と 3を あわせると □ に なります。

2+□=□   こたえ □ こ

---

1 あわせて なんびきですか。しきを かきましょう。

❶

□ + □ = □

❷

□ + □ = □

❸
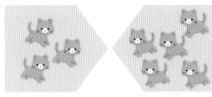

□ + □ = □

❹

□ + □ = □

2 たしざんを しましょう。

❶ 1+5= □

❷ 6+3= □

❸ 8+2= □

❹ 5+4= □

インドは　すう字の　0が　うまれた　くにと　いわれて　いる
よ。0は　ほかの　すう字よりも　あとに　うまれた　すう字だ
よ。

れいだい2　ふえると　いくつ

えんぴつが　5本あります。2本
もらうと，ぜんぶで　なん本に
なりますか。

ときかた　5から　2　ふえると　□　に　なります。

5+□=□　　　**こたえ**　□ 本

3 たしざんを　しましょう。

❶ 4+3=□　　　❷ 5+0=□

❸ 0+6=□　　　❹ 7+2=□

❺ 1+9=□　　　❻ 0+0=□

4 白い　やぎが　4ひき　います。黒い　やぎが　2ひき　います。や
ぎは　ぜんぶで　なんびき　いますか。

しき

こたえ （　　　　　　）

5 こどもが　5人　います。あとから　3人　きました。こどもは，み
んなで　なん人に　なりましたか。

しき

こたえ （　　　　　　）

答え▶7ページ

5 あわせて いくつ ふえると いくつ

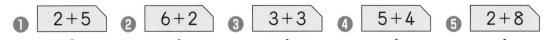

いろいろな たしざんの もんだいに ちょうせん しよう！

❶ こたえが おなじに なる ものを せんで むすびましょう。

① 2+5　② 6+2　③ 3+3　④ 5+4　⑤ 2+8

1+9　2+7　4+4　6+0　3+4

❷ □に あてはまる かずを かきましょう。

① 1+ □ =5

② □ +4=7

③ 4+ □ =6

④ 3+ □ =8

⑤ □ +7=10

⑥ □ +5=9

❸ とんぼが 3びき, ちょうが 2ひき とまって います。あとから とんぼと ちょうが 2ひきずつ とんで きました。とんぼと ちょうは あわせて なんびきに なりましたか。

しき

こたえ (　　　　　　)

❹ えを 見て, 4+6の しきに なる たしざんの おはなしを つくりましょう。

(　　　　　　　　　　　　　　　)

✦✦✦ できたらスゴイ！

5 ❶〜❻に　かずを　かきましょう。

◉の　かず	1	3	4	1	3	2
○の　かず	3	5	2	8	2	5
○の　かず	2	1	2	1	4	3
◉＋○＋○	❶	❷	❸	❹	❺	❻

6 めだかが　きのう　3びき，きょう　2ひき
たまごから　かえったので，たまごは　のこりが
5こに　なりました。たまごは　はじめ　なんこ
ありましたか。

しき

こたえ（　　　　　　　　）

7 うさぎと　りすと　さるが　います。うさぎは　2ひき　いて，りす
より　1ぴき　すくないそうです。さるは　りすより　1ぴき　おおい
そうです。ぜんぶで　なんびき　いますか。

しき

こたえ（　　　　　　　　）

❗ヒント
5　3つの　かずの　けいさんに　なります。
❶ 1＋3＝4　4＋2＝6　❷ 3＋5＝8　8＋1＝9
のように，じゅんばんに　けいさんします。
6　たまごから　かえった　めだかは　3＋2で　5ひきです。
7　りすの　かずは，うさぎの　かずから　かんがえます。
「うさぎは，りすより　1ぴき　すくない」という　ことは，「りすは，うさ
ぎより　1ぴき　おおい」という　ことです。

6 のこりは いくつ ちがいは いくつ

たしかめよう ✦✦✦ 標準レベル

10までの かずの ひきざん を するよ。

れいだい1 のこりは いくつ

3こ たべると のこりは なんこに なりますか。

3こ たべると…

ときかた 7から 3 へると ☐ に なります。

7－☐＝☐   **こたえ** ☐こ

1 のこりは なんびきですか。しきを かきましょう。

❶  ❷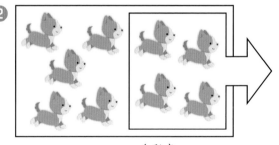

3びき いなくなると…

☐－☐＝☐

4ひき いなくなると…

☐－☐＝☐

2 ひきざんを しましょう。

❶ 6－2＝☐   ❷ 4－3＝☐

❸ 8－0＝☐   ❹ 7－5＝☐

❺ 9－9＝☐   ❻ 5－1＝☐

❼ 10－4＝☐   ❽ 0－0＝☐

ものしり　さんすう　まめちしき

えんぴつの　かぞえかたは　「１本」，「２本」，…　だけれど，えんぴつが　12本　あつまると，「１ダース」という　１つの　まとまりに　なるよ。

れいだい2　ちがいは　いくつ

ちがいは　なんこ　ですか。

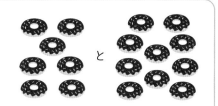

ときかた　7と　10の　ちがいを　かんがえます。

10－ ☐ ＝ ☐ 　　　　☐ こ

---

3 こたえが　おなじに　なる　ものを　せんで　むすび，こたえを　☐に　かきましょう。

❶ 7－1 ・　　　・ 9－5 ＝ ☐

❷ 9－2 ・　　　・ 6－1 ＝ ☐

❸ 8－4 ・　　　・ 8－2 ＝ ☐

❹ 10－5 ・　　　・ 10－3 ＝ ☐

4 けんさんは　シールを　9まい　もって　います。まみさんに　4まい　あげました。なんまい　のこって　いますか。

しき

こたえ (　　　　　　　　　)

5 赤い　ボールが　3こ，青い　ボールが　8こ　あります。どちらが　なんこ　おおいですか。

しき

こたえ (　　　　)い　ボールが　(　　　　)こ　おおい。

答え▶9ページ

6 のこりは　いくつ　ちがいは　いくつ

ふかめ
よう ★★★ ハイ レベル

10までの　ひきざんを　もっと　れんしゅうしよう！

1 こたえが　おなじに　なる　ものを　せんで　むすびましょう。

❶ 7−2 ・　・ 8−3 ・　・ 3−0

❷ 8−2 ・　・ 6−3 ・　・ 7−1

❸ 8−5 ・　・ 8−4 ・　・ 9−4

❹ 5−1 ・　・ 9−3 ・　・ 6−2

2 □に　あてはまる　かずを　かきましょう。

❶ 8−□=5　　　❷ 9−□=2

❸ □−6=3　　　❹ □−4=4

❺ 6−□=0　　　❻ 7−□=3

❼ 10−□=6　　❽ 9−□=7

❾ 1−□=1　　　❿ 0−□=0

3 えを　見て，9−3の　しき
に　なる　ひきざんの　おはな
しを　つくりましょう。

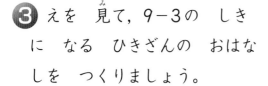
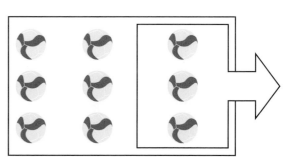

(　　　　　　　　　　　)

✦✦✦ できたらスゴイ！

❹ ケーキと　プリンが　あわせて　8こ　ありました。プリンを　1こ　かって　きたので，プリンは　4こに　なりました。
ケーキは　なんこ　ありますか。

しき

こたえ （　　　　　　　　）

❺ りょうさんと　あやさんと　ゆいさんで　コインなげの　ゲームを　4かい　しまし

	1かい目	2かい目	3かい目	4かい目
りょう	おもて	うら		うら
あや	うら	おもて		
ゆい	おもて		おもて	

た。おもてが　出ると　2てん，うらが　出ると　1てんに　なります。

❶ りょうさんは　5てん　とりました。3かい目は　おもてと　うらの　どちらが　出ましたか。　　　　　　　　　　（　　　　　　　　）

❷ あやさんは　7てん　とりました。3かい目は　おもてと　うらの　どちらが　出ましたか。　　　　　　　　　　（　　　　　　　　）

❸ ゆいさんの　とくてんは，りょうさんより　たかく，あやさんより　ひくいそうです。ゆいさんの　4かい目は　おもてと　うらの　どちらが　出ましたか。　　　　　　　　　（　　　　　　　　）

！ヒント

❹ 8この　うち，ケーキと　プリンが　それぞれ　なんこ　あるかは　もんだいに　かいて　ありませんが，プリンを　1こ　かって　4こに　なったから，はじめに　あった　プリンの　かずが　わかります。

❺ ❷ あやさんの　1かい目と　2かい目の　てんすうを　あわせると　3てんだから，3かい目と　4かい目の　てんすうを　あわせると　7-3＝4より　4てんです。
❸ りょうさんは　5てん，あやさんは　7てんなので，ゆいさんは　6てんで　あることが　わかります。

7 10より 大きい かず

たしかめ よう ✦ ✦ ✦ 標準レベル

20までの かずの しくみが わかる ように なろう。

れいだい1 20までの かず

えんぴつは なん本 ありますか。

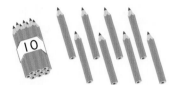

　本

ときかた 10本の たばが 1つと ばらが 8本 あります。

---

1 かずを かぞえて，すう字で かきましょう。

❶

（　　　）ひき

❷

（　　　）さつ

2 □に かずを かきましょう。

❶ □□□□□□□□□□ は □□□□□□□□□ と □
　□□□□□□□□□

❷ □□□□□□□□ は □ と □□
　□□

❸ □□□□□□□□□□ は □□□□□□□□□□ と □
　□□□□□□□□□□

❹ 10と 7で □

❺ 16は 10と □

❻ 19は 10と □

❼ 14は 10と □

ものしり　さんすう　まめちしき

どうぶつには　いろいろな　かぞえかたが　あるよ。そのなかで
「ひき」が　いちばん　よく　つかわれて　いるよ。

れいだい2　20までの　かずの　ならびかた

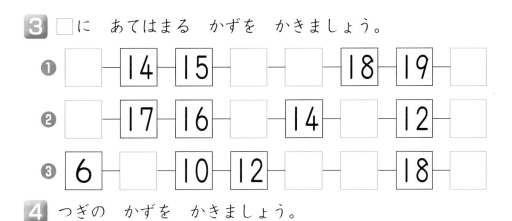

① 10より　2　大きい　かずは　☐　です。

② 20より　4　小さい　かずは　☐　です。

ときかた　かずのせんを　見て，かんがえます。

3 ☐に　あてはまる　かずを　かきましょう。

❶ ☐ ― 14 ― 15 ― ☐ ― ☐ ― 18 ― 19 ― ☐

❷ ☐ ― 17 ― 16 ― ☐ ― 14 ― ☐ ― 12 ― ☐

❸ 6 ― ☐ ― 10 ― 12 ― ☐ ― ☐ ― 18 ― ☐

4 つぎの　かずを　かきましょう。

❶ 11より　5　大きい　かず　☐

❷ 16より　4　小さい　かず　☐

❸ 17より　3　大きい　かず　☐

❹ 20より　6　小さい　かず　☐

29

7 10より 大きい かず

ふかめよう ★★★ ハイ レベル

20までの かずの かぞえかた，ならびかた，しくみを おぼえよう。

❶ かずを 小さい じゅんに ならべましょう。

❶ （17 12 16 19 13）　（□ □ □ □ □）

❷ （11 19 14 20 18 16）

（□ □ □ □ □ □）

❷ あと いくつで 20に なりますか。□に かずを かきましょう。

❶  □

❷  □

❸ □

❹  □

❸ つぎの かずに ついて，もんだいに こたえましょう。

8 18 12 7 10 13 20 11 15 9 17 19

❶ 16より 大きい かずを 大きい じゅんに かきましょう。

（　　　　　　　　）

❷ 14より 小さい かずを 大きい じゅんに かきましょう。

（　　　　　　　　）

❸ 14より 大きく 19より 小さい かずを ぜんぶ かきましょう。

（　　　　　　　　）

④ □に　あう　かずを　かきましょう。

❶ 14より　□　大きい　かずは　19です。

❷ 18より　□　小さい　かずは　12です。

❸ 20より　□　小さい　かずは　16です。

⑤ □に　あう　かずを　かきましょう。

❶ □─17─15─13─□─□─□

❷ □─4─8─12─□─□─□

✦✦✦ できたらスゴイ！

⑥ こたえを　さがして，せんで　むすびましょう。

10より　大きくて　16より　小さい　かずの　あつまり	・	・	12　　16　　14　　15　　13
18より　小さくて　12より　大きい　かずの　あつまり	・	・	14　　13　　10　　11　　12
9より　大きくて　15より　小さい　かずの　あつまり	・	・	13　　15　　12　　14　　11
17より　小さくて　11より　大きい　かずの　あつまり	・	・	15　　14　　16　　13　　17

ヒント

⑤ **❶** 2ずつ　へるように　かずが　ならんで　います。

　　❷ 4ずつ　ふえるように　かずが　ならんで　います。

⑥ たとえば，10より　大きい　かずには　10は　入りません。

16より　小さい　かずには　16は　入りません。

8 かずと しき

たしかめよう

標準レベル

> 10より 大きい かずの けいさんの しかたを かんがえよう。

れいだい1 けいさん⑴

① 10+4 = □

② 17−7 = □

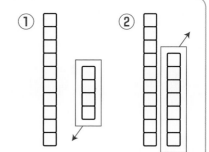

ときかた 10と いくつで かんがえます。

---

1 たしざんを しましょう。

❶ 10+7 = □　　❷ 10+3 = □

❸ 10+9 = □　　❹ 10+5 = □

❺ 10+6 = □　　❻ 10+8 = □

2 ひきざんを しましょう。

❶ 14−4 = □　　❷ 18−8 = □

❸ 15−5 = □　　❹ 16−6 = □

❺ 19−9 = □　　❻ 13−3 = □

3 つるを きのうまでに 10こ おりました。きょうは 7こ おりました。あわせて なんこに なりましたか。

しき

こたえ (　　　　　　)

ものしり
さんすう
まめちしき

「ひき」という　かぞえかたの　ほかに「とう」という　かぞえかた
が　あるよ。でも，「とう」より　「ひき」の　ほうが　むかしから
つかわれて　いて　いろいろな　どうぶつに　つかうことが　でき
るよ。

れいだい2　けいさん(2)

① 12＋4＝□

② 16－3＝□

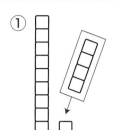

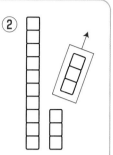

ときかた　10は　そのままにして　かんがえます。

---

4 たしざんを　しましょう。

❶ 11＋5＝□　　　　❷ 13＋6＝□

❸ 14＋2＝□　　　　❹ 15＋3＝□

❺ 14＋4＝□　　　　❻ 12＋7＝□

5 ひきざんを　しましょう。

❶ 17－3＝□　　　　❷ 19－8＝□

❸ 15－2＝□　　　　❹ 16－4＝□

❺ 19－4＝□　　　　❻ 18－7＝□

6 いろえんぴつを　18本　もって　います。いもうとに　6本　あげ
ると　のこりは　なん本に　なりますか。

しき

こたえ（　　　　　　）

答え▶11ページ

8 かずと しき

ふかめ よう ★★★ ハイ レベル

10より 大きい かずの もんだいを とこう。

① けいさんを しましょう。

❶ 10+4＝ ☐

❷ 17−7＝ ☐

❸ 19−6＝ ☐

❹ 15+4＝ ☐

❺ 12+6＝ ☐

❻ 18−5＝ ☐

② ☐に あてはまる かずを かきましょう。

❶ 12+☐＝18

❷ ☐+3＝17

❸ 18−☐＝15

❹ ☐−6＝13

❺ 13+☐＝20

❻ ☐−4＝12

❼ 15+☐＝18

❽ ☐+6＝20

❾ 19−☐＝10

❿ ☐−9＝11

③ 水そうに めだかが 20ぴき います。石に かくれて いるのは, なんびきですか。

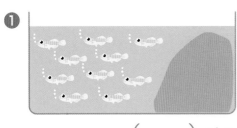

❶

( ) ぴき

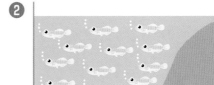

❷

( ) ひき

④ たまごが パックに 10こ, ばらで 7こ あります。
あわせて なんこ ありますか。

　しき

　　　　　　　　　　　　　　　　こたえ（　　　　　　　　　）

⑤ えんぴつが 18本 あります。4本 けずりました。
けずって いない えんぴつは なん本ですか。

　しき

　　　　　　　　　　　　　　　　こたえ（　　　　　　　　　）

★★★ **できたらスゴイ！**

⑥ きのう ひまわりが 10本 さきました。きょうは きのうより
2本 すくなく さきました。きのうと きょうで, ひまわりは
なん本 さきましたか。

　しき

　　　　　　　　　　　　　　　　こたえ（　　　　　　　　　）

⑦ キャンディーと ガムが あります。キャンディーは 10こ あっ
て, ガムより 4こ おおいそうです。キャンディーと ガムは あわ
せて なんこ ありますか。

　しき

　　　　　　　　　　　　　　　　こたえ（　　　　　　　　　）

！ヒント
⑥ きょう さいた ひまわりの かずは, 10−2で 8本だと わかりま
す。
⑦ キャンディーは 10こで, ガムより 4こ おおいから, ガムは キャン
ディーより 4こ すくないと わかります。

9 3つの かずの けいさん

答え▶13ページ

たしかめ よう ✦✦✦ 標準 レベル

3つの かずの けいさんを じゅんばんに していこう。

れいだい1　3つの かずの けいさん(1)

えんぴつは，ぜんぶで なん本に なりましたか。

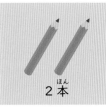

2本

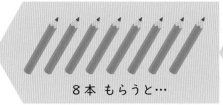

8本 もらうと…

3本 もらうと…

ときかた　2と 8を あわせると 10に なります。

2+ □ +3= □　　こたえ □ 本

---

1 とりは，なんわ のこって いますか。

6わ いました。

2わ とんで いきました。

1わ とんで いきました。

しき

□ − □ − □ = □

こたえ （　　　　　　　）

2 けいさんを しましょう。

① 8+2+6= □

② 4+6+5= □

③ 9−5−3= □

④ 14−4−7= □

とりを かぞえる ときには,「わ」という かぞえかたが つかわれる ことが おおいよ。「わ」とは,「羽(はね)」という かん字の べつの よみかただよ。とりには はねが はえているからだね。

れいだい2 3つの かずの けいさん⑵

かえるは, なんびきに なりましたか。

　　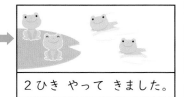

ときかた おはなしに あわせて 1つの しきに します。

6－ □ ＋2＝ □　　**こたえ** □ ひき

---

3 あめは, なんこに なりましたか。

しき

□ ＋ □ － □ ＝ □　　**こたえ** (　　　　　)

4 けいさんを しましょう。

❶ 10－7＋5＝ □　　❷ 10－8＋6＝ □

❸ 8＋2－5＝ □　　❹ 3＋7－4＝ □

❺ 2＋2＋3＋3＝ □　　❻ 10－3－3－3＝ □

9 3つの かずの けいさん

ふかめよう ★★★ ハイ レベル

3つの かずの けいさんを
つかう もんだいを とこう。

① 3つの かずを あわせて 10に なるように, のこりを せんで
むすびましょう。

❶ 1 ——— 2 ・ ・ 3

❷ 3 ・ ・ 6 ——— 2

❸ 2 ・ ・ 5 ・ ・ 4

❹ 2 ・——— 4 ・ ・ 2

❺ 4 ・ ・ 3 ・ ・ 7

② れいの ように かずを わけて いきます。□に あてはまる
かずを かきましょう。

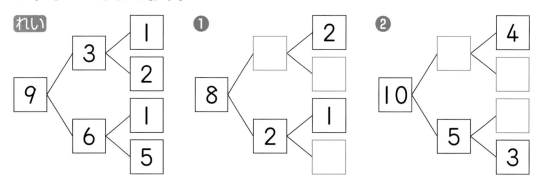

れい
9 → 3 → 1, 2 ; 6 → 1, 5

❶ 8 → □ → 2, □ ; 2 → 1, □

❷ 10 → □ → 4, □ ; 5 → □, 3

③ □に あてはまる かずを かきましょう。

❶ 4と 3と 3で □

❷ 1と □ と 1で 8

❸ 7は 3と □ と 1

❹ □ は 6と 1と 3

4 とおるさんは　けしゴムを　2こ　もって　います。のぞみさんは
とおるさんより　1こ　おおく，ちひろさんより　2こ　すくなく
もって　います。3人　あわせて　なんこ　もって　いますか。

　しき

　　　　　　　　　　　　　　　こたえ（　　　　　　　　）

5 子どもたちが　プールで　およいで　います。
赤い　ぼうしの　子は　6人　いて，きいろい
ぼうしの　子より　2人　おおく，青い　ぼうし
の　子より　3人　すくないそうです。ぜんぶで
なん人　いますか。

　しき

　　　　　　　　　　　　　　　こたえ（　　　　　　　　）

✦✦✦ できたらスゴイ！

6 子どもが　1れつに　ならんで　います。ゆきなさんは　れつの
ちょうど　まん中に　いて，ゆきなさんの　うしろには　9人　いま
す。みんなで　なん人　いますか。

　しき

　　　　　　　　　　　　　　　こたえ（　　　　　　　　）

!ヒント
4　「のぞみさんは，ちひろさんより　2こ　すくなく　もって　いる。」と
　いう　ことは，「ちひろさんは，のぞみさんより　2こ　おおく　もって　い
　る。」と　いう　ことです。
6　ゆきなさんは　れつの　まん中に　いるから，まえにも　9人　います。

答え▶14ページ

10 たしざん

くり上がりの ある たしざん
の しかたを かんがえよう。

れいだい1 くり上がりの ある たしざん(1)

9+4の けいさん

9に ☐ を たして 10

10と ☐ で ☐

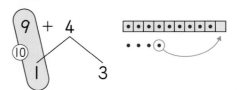

ときかた 10の まとまりを つくって かんがえます。

---

1 たしざんの しかたを せつめい します。◯に かずを かきま
しょう。

❶ 8 + 6 = 14
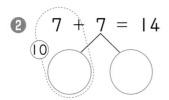
◯ ◯

| 8に ◯ を たして 10 |
| 10と ◯ で ◯ |

❷ 7 + 7 = 14
◯ ◯

| 7に ◯ を たして 10 |
| 10と ◯ で ◯ |

2 けいさんを しましょう。

❶ 8+5= ☐   ❷ 9+3= ☐   ❸ 7+4= ☐

❹ 8+8= ☐   ❺ 9+5= ☐   ❻ 7+6= ☐

さんすう まめちしき

はねは はえて いないけれど うさぎの かぞえかたも 「わ」を つかうことが あるよ。

れいだい2　くり上がりの ある たしざん⑵

3+8の けいさん

8と [　　] を たして 10

10と [　　] で [　　]

ときかた 10と いくつに なるかを かんがえます。

---

3 ○と □に かずを かきましょう。

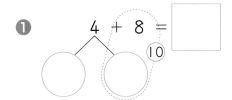

❶　　4 + 8 = [　　]

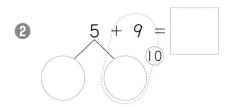

❷　　5 + 9 = [　　]

4 けいさんを しましょう。

❶ 5+7= [　　]　　❷ 3+9= [　　]　　❸ 4+9= [　　]

❹ 6+8= [　　]　　❺ 5+6= [　　]　　❻ 4+7= [　　]

❼ 6+6= [　　]　　❽ 5+8= [　　]

5 赤い ふうせんが 9こ, 青い ふうせんが 6こ あります。あわせて なんこ ありますか。

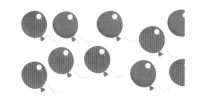

しき

こたえ （　　　　　　　　）

10 たしざん

答え▶14ページ

ふかめよう ★★★ ハイレベル

くり上がりの ある たしざんを つかった もんだいを とこう。

❶ たての ますの かずと よこの ますの かずを たした こたえを かきましょう。

❶

たて＼よこ	5	4	3	2
9				
8				
7				
6				

❷

たて＼よこ	6	7	8	9
6				
7				
8				
9				

❷ □に あてはまる かずを かきましょう。

❶ $4 + \boxed{} = 11$　　❷ $9 + \boxed{} = 15$　　❸ $7 + \boxed{} = 15$

❹ $\boxed{} + 8 = 14$　　❺ $\boxed{} + 5 = 13$　　❻ $\boxed{} + 6 = 14$

❼ $7 + 3 + \boxed{} = 19$　　❽ $\boxed{} + 6 + 7 = 17$

❸ こたえが おなじ ものを せんで むすびましょう。

❶ 　　　　　❷ 　　　　　❸ 　　　　　❹

| 4+3+4 | 6+5+6 | 4+5+6 | 5+6+7 |

| 7+8 | 9+9 | 5+6 | 8+9 |

4 たて　よこ　ななめの　となりあう　2つの　かずで　たしざんを
して　□の　かずに　なるように　◯で　かこみましょう。

1 | 14 |

⑦	3	10
⑦	6	4
8	5	9

（あと　3つ　あります。）

2 | 12 |

10	2	6	1
4	3	6	4
7	5	3	8
3	4	6	9

（ぜんぶで　5つ　あります。）

5 きのう　チューリップが　6本　さきました。きょうは　きのうより
5本　おおく　さきました。あわせて　なん本　さきましたか。

しき

こたえ（　　　　　　　　　）

✦✦✦ できたらスゴイ！

6 いちごが　白い　さらに　5こ，青い　さらに　なんこか　のって
います。青い　さらの　いちご　4こを　白い　さらに　うつすと，
それぞれの　さらの　いちごの　かずは　おなじに　なりました。
はじめに　青い　さらに　なんこ　のって　いましたか。

しき

こたえ（　　　　　　　　　）

! ヒント
6 青い　さらから　4こ　うつす
と，白い　さらの　いちごは　い
くつに　なるか　かんがえます。

白い　さら　◯◯◯◯◯｜◯◯◯◯
　　　　　　　　　5こ　　　4こ　　　　4こ
青い　さら　◯◯◯◯◯◯◯｜◯◯◯◯
　　　　　　　　　　　　　□こ

答え▶15ページ

11 ひきざん

たしかめ よう　✦✦✦ 標準 レベル

くり下がりの ある ひきざん の しかたを かんがえよう。

れいだい1　くり下がりの ある ひきざん⑴

13−8の けいさん

$$13 - 8$$

10から ▢ を ひいて 2

$$10 \qquad 3$$

2と ▢ で ▢

ときかた 10の まとまりから 8を ひきます。

1 ひきざんの しかたを せつめい します。◯に かずを かきましょう。

❶ 13 − 9 = ◯

◯
3

10から 9を ひいて 1

1と ◯ で ◯

❷ 15 − 8 = ◯

◯
5

10から ◯ を ひいて ◯

2と ◯ で ◯

2 けいさんを しましょう。

❶ 12−9= ▢

❷ 13−7= ▢

❸ 11−8= ▢

❹ 14−9= ▢

❺ 16−7= ▢

❻ 15−6= ▢

さかなを　かぞえる　ときにも，かぞえかたが　たくさんあるよ。かれいや　ひらめの　ような　うちわ　みたいに　たいらな　さかなを　「1まい」，「2まい」で　かぞえることも　あるんだって。

れいだい2　くり下がりの　ある　ひきざん(2)

13−5の　けいさん

13から □ を　ひいて　10

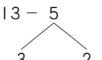

10から　2を　ひいて □

ときかた　5を　3と　2に　わけて　かんがえます。

---

3 ◯と □に　かずを　かきましょう。

❶ 12 − 4 = □

　2　◯

❷ 15 − 6 = □

　5　◯

4 けいさんを　しましょう。

❶ 12−5= □　　❷ 14−6= □　　❸ 15−7= □

❹ 11−3= □　　❺ 17−8= □　　❻ 12−6= □

❼ 16−9= □　　❽ 13−4= □

5 あめが　14こ　あります。6こ　たべました。なんこ　のこっていますか。

しき

こたえ (　　　　　　)

答え▶16ページ

11 ひきざん

ふかめ よう ★★★ ハイ レベル

くり下がりの ある ひきざん を つかった もんだいを と こう。

1 □に あてはまる かずを かきましょう。

1 14−8＝10−8＋□＝□

10　□

2 17−9＝10−9＋□＝□

10　□

3 12−8＝12−2−□＝□

2　□

4 13−6＝13−3−□＝□

3　□

2 □に あてはまる かずを かきましょう。

1 こたえが 9に なる。

① 15−□　② 16−□　③ □−5

2 こたえが 7に なる。

① □−6　② 12−□　③ 14−□

3 こたえが 8に なる。

① 14−□　② □−4　③ 11−□

3 こたえが おなじ ものを せんで むすびましょう。

1 12−4　**2** 11−5　**3** 14−5　**4** 16−9

・　・　・　・

・　・　・　・

13−4　15−8　12−6　14−6

❹ たて　よこ　ななめの　となりあう　2つの　かずで　ひきざんを
して　□の　かずに　なるように　◯で　かこみましょう。

❶
9	12	3	11
	13	16	5
	7	4	14

（あと　3つ　あります。）

❷
6	7	9	11	5
	18	13	16	7
	6	4	3	8
	12	15	9	14

（ぜんぶで　6つ　あります。）

❺ 子どもが　13人　います。1人ずつ　いすに　すわろうと　しましたが，いすが　4こ　たりません。いすは　ぜんぶで　なんこ　ありますか。

しき

こたえ　（　　　　　　　　）

★★★ できたらスゴイ！

❻ わたしと　あねは　えんぴつを　あわせて　20本　もって　います。あねから　4本　もらったので，わたしは　12本に　なりました。あねは　えんぴつを　はじめ　なん本　もって　いましたか。

しき

こたえ　（　　　　　　　　）

❗ヒント
❻ あねから　もらう　まえ　の　わたしは，なん本　もって　いましたか。ずで　かんがえましょう。

20本
はじめ　わたし□本　　はじめ　あね□本
わたし　12本　　もらった　4本

12 大きい かず

20より 大きい かずの
しくみが わかる ように
なろう。

れいだい1　20より 大きい かず

いろがみは なんまい ありますか。

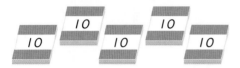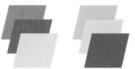 まい

ときかた 10まいの たばが 5つと ばらが 6まいです。

1 いくつ ありますか。□に かずを かきましょう。

❶  本

❷  こ

❸  こ

2 □に かずを かきましょう。

❶ 10が 8こで 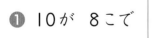, 1が 9こで 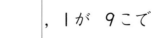, 80と 9で

❷ 10が 7こで

❸ 63は, 10が ことと 1が こ

❹ 90は, 10が こ

ものの　かぞえかたの　ことを　「じょすうし」と　いうよ。じょすうしの　なかでも　「1ぴき」「2ひき」「3びき」…と，よみかたがかわるものと　「1こ」「2こ」「3こ」…と　かわらない　ものがあるよ。

れいだい2　100より　大きい　かず

□に　あてはまる　かずを　かきましょう。

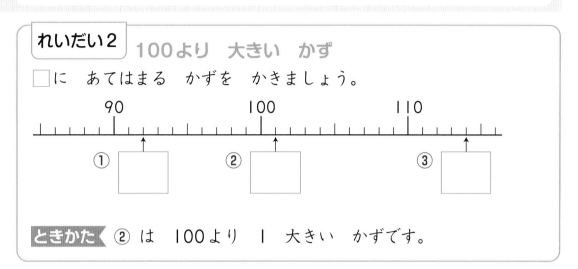

ときかた　②は　100より　1　大きい　かずです。

3　□に　あてはまる　かずを　かきましょう。

❶
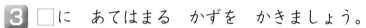

| 114 | 115 | | 117 | | 119 | |

❷

| 60 | | 80 | | 100 | 110 | |

4　かずのせんを　見て　こたえましょう。

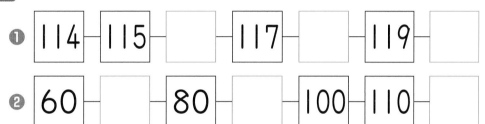

❶　あ，い，うの　かずは　いくつですか。

あ（　　　）　い（　　　）　う（　　　）

❷　92より　11　大きい　かずは　いくつですか。（　　　）

❸　120より　12　小さい　かずは　いくつですか。（　　　）

❹　98と　112の　ちょうど　まん中の　かずは　いくつですか。

（　　　）

49

答え▶17ページ

12 大きい かず

ふかめよう ★★★ ハイ レベル

> 大きい かずの かぞえかた, ならびかた, しくみを おぼえよう。

❶ かずを 小さい じゅんに ならべましょう。

❶ (26 47 39 58) (□ □ □ □)

❷ (78 86 67 76 87)

(□ □ □ □ □)

❸ (101 114 109 120 117)

(□ □ □ □ □)

❷ □に かずを かきましょう。

❶  [ ]—65—[ ]—[ ]—95—105—[ ]

❷ 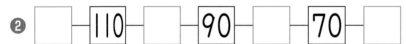 [ ]—110—[ ]—90—[ ]—70—[ ]

❸ [ ]—104—107—[ ]—113—[ ]—[ ]

❹ [ ]—108—[ ]—100—96—[ ]—[ ]

❸ 20から 80までの かずの 中で, つぎの かずを ぜんぶ かきましょう。

❶ 一のくらいが 5の かず

(   )

❷ 十のくらいと 一のくらいが おなじ かず

(   )

❸ 十のくらいも 一のくらいも 4より 小さい かず

(   )

4 つぎの　かずを　かきましょう。

❶ 65より　6　大きい　かず　　　　　　　（　　　　　　）

❷ 83より　7　小さい　かず　　　　　　　（　　　　　　）

❸ 104より　9　大きい　かず　　　　　　（　　　　　　）

❹ 116より　8　小さい　かず　　　　　　（　　　　　　）

❺ 92と　120の　ちょうど　まん中の　かず　（　　　　　　）

✦✦✦ **できたらスゴイ！**

5 □に　あう　かずを　かきましょう。

❶ 50円玉が　1こと，10円玉が　[　　]こと，5円玉が　4こで　120円です。

❷ 10円玉が　3こと，5円玉が　7こと，1円玉が　[　　]こで　73円です。

6 つぎの　5つの　すう字の　うち，2つの　すう字を　つかって，20より　大きい　かずを　つくります。

③　⑨　④　⑥　②

❶ 65より　大きい　かずは，なんこ　できますか。　（　　　　　　）

❷ 45より　小さい　かずは，なんこ　できますか。　（　　　　　　）

❸ 80に　いちばん　ちかい　かずは　いくつですか。（　　　　　　）

❗ヒント

5 ❶ 5円玉が　4こで　20円です。
　　❷ 10円玉　3こと，5円玉　7こで　65円です。

6 ❶❷ できる　かずを　ぜんぶ　かきだして　かんがえます。
　　❸ 80に　ちかい　かずは，69と　92です。

13 かずと しき

答え ▶ 18ページ

たしかめよう ✦ ✦ ✦ 標準レベル

20より 大きい かずの けいさんの しかたを かんがえよう。

れいだい1 けいさん(1)

① 23+4 = ☐

② 27−3 = ☐

①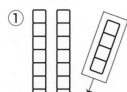

②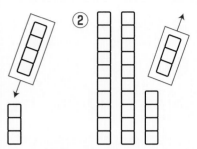

ときかた 十のくらいと 一のくらいを わけて かんがえます。

1 たしざんを しましょう。

❶ 60+7 = ☐ ❷ 80+3 = ☐

❸ 5+90 = ☐ ❹ 56+2 = ☐

❺ 85+5 = ☐ ❻ 6+93 = ☐

2 ひきざんを しましょう。

❶ 54−4 = ☐ ❷ 97−7 = ☐

❸ 88−5 = ☐ ❹ 69−6 = ☐

❺ 95−4 = ☐ ❻ 88−3 = ☐

3 カードを 34まい もって います。おにいさんに 5まい もらいました。カードは ぜんぶで なんまいに なりましたか。

しき

こたえ ( )

ものしり
さんすう
まめちしき

たしざんや　ひきざんの　しきに　ある「=」は，「とうごう」と
いうよ。=の　右がわと　左がわが　おなじもので　あることを
あらわして　いるよ。

れいだい2　けいさん⑵

ぜんぶで　なんまいに　なりますか。

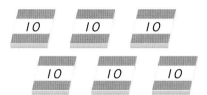

ときかた　10の　たばの　かずで　かんがえます。

60+ ☐ = ☐ 　　☐ まい

---

4 たしざんを　しましょう。

❶ 60+40= ☐ 　　❷ 30+60= ☐ 　　❸ 40+20= ☐

❹ 50+40= ☐ 　　❺ 90+10= ☐ 　　❻ 20+80= ☐

5 ひきざんを　しましょう。

❶ 70-10= ☐ 　　❷ 80-30= ☐ 　　❸ 60-20= ☐

❹ 90-40= ☐ 　　❺ 100-30= ☐ 　　❻ 100-70= ☐

6 まりなさんは，100円を　もって　おつかいに　いきました。60円
の　けしゴムを　かうと，おつりは　いくらですか。

しき

こたえ （　　　　　　　）

53

13 かずと しき

答え▶19ページ

ふかめよう ★★★ ハイ レベル

一のくらいが 0で ない
大きい かずの もんだいを
とこう。

1 けいさんを しましょう。

❶ 32＋47＝

❷ 67－42＝

❸ 58－34＝

❹ 26＋52＝

❺ 34＋55＝

❻ 76－45＝

❼ 43＋56＝

❽ 89－67＝

❾ 99－26＝

❿ 53＋43＝

2 ●が 30, ◗が 20, ★が 10, ♟が 1を あらわします。
あわせた かずを □に かきましょう。

❶  と

しき ＋

こたえ

❷  と

しき ＋

こたえ

3 かずの ちがいを □に かきましょう。

❶ 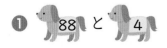 88 と 4

❷ 65 と 3

❸ 72 と 20

❹ 79 と 30

❺ 85 と 50

❻ 68 と 40

4 こうえんで,どんぐりを　40こと　ぎんなんを　35こ　ひろいました。あわせて　なんこ　ひろいましたか。

しき

こたえ （　　　　　　　）

5 水そうに　赤い　きんぎょが　47ひき,くろい　きんぎょが　20ぴき　います。どちらが　なんびき　おおいですか。

しき

こたえ （　　　　）きんぎょが　（　　　　）ひき　おおい。

✦✦✦ **できたらスゴイ！**

6 赤い　いろがみが　38まい,きいろい　いろがみが　23まい　あります。いろがみは　あわせて　なんまい　ありますか。

しき

こたえ （　　　　　　　）

7 赤と　青の　おはじきが　あわせて　72こ　あります。そのうち赤は　39こです。青の　おはじきは　なんこ　ありますか。

しき

こたえ （　　　　　　　）

！**ヒント**
6 38＋23＝30＋8＋20＋3＝50＋11と　かんがえましょう。
7 72−39＝60＋12−30−9と　かんがえましょう。

「答えと考え方」を　よんで　おさらいしよう！　　**55**

14 たしざんと ひきざん

たしかめよう ★ ★ ★ 標準レベル

ずを つかった いろいろな もんだいを といてみよう。

れいだい1 みんなで なん人(1)

子どもが 1れつに ならんで います。さとるさんは まえから 6ばん目で,さとるさんの うしろに 7人 います。子どもは ぜんぶで なん人 いますか。

ときかた ずに あらわして かんがえます。

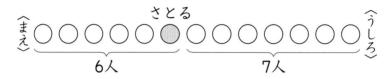

さとる

〈まえ〉 ○○○○○● ○○○○○○○ 〈うしろ〉

6人　　　　7人

6+ □ = □ 　　　　　　　□ 人

1 子どもが 12人,1れつに ならんで います。ゆみさんは まえから 4ばん目に います。ゆみさんの うしろには なん人 いますか。

〈まえ〉　　　　　　　　　　　　　　　　　　　　　〈うしろ〉

ゆみ

しき

こたえ（　　　　　　　　　）

2 本だなに 本が 13さつ ならんで います。のりものの 本は 右から 6ばん目です。のりものの 本の 左には なんさつ ありますか。

しき

こたえ（　　　　　　　　　）

ながいはりや　みじかいはりの　ある　とけいを　「アナログどけい」と　いうよ。すう字だけが　かかれた　とけいは　「デジタルどけい」と　いうよ。

れいだい２　みんなで　なん人(2)

バスていで　１れつに　ならんで　います。りょうさんの　まえに　３人　います。りょうさんの　うしろに　４人　います。ぜんぶで　なん人　ならんで　いますか。

ときかた　ずに　あらわして　かんがえます。

〈まえ〉○○○◉○○○○〈うしろ〉
3人　りょう　4人

　□　＋１＋　□　＝　□　　　　　□　人

3　子どもが　１れつに　ならんで　います。けんとさんの　まえに　6人，けんとさんの　うしろに　4人　います。子どもは　ぜんぶで　なん人　いますか。

〈まえ〉○○○○○○◉○○○○〈うしろ〉
けんと

しき

こたえ　（　　　　　　　　）

4　みかんを　12こ　かいました。りんごは，みかんより　4こ　すくなく　かいました。りんごは，なんこ　かいましたか。

みかん　🍊　｜ ○○○○○○○○○○○○
りんご　🍎　｜ ○○○○○○○○○○ ⟨○○○○⟩
　　　　　　　　　　　　　　　　　すくない

しき

こたえ　（　　　　　　　　）

57

14 たしざんと ひきざん

ずを つかって ぶんしょうだ
いに つよくなろう。

① プールに 男の子が 30人, 女の子が 男の子より 8人 おおく
います。みんなで なん人 いますか。

男の子
女の子
┌────── 30人 ──────┐ ┌ 8人 ┐

しき

こたえ (   )

② れなさんは おねえさんと 2人で 99円の アイスクリームを
かいました。おねえさんは 57円 はらいました。れなさんは おねえ
さんより なん円 すくなく はらいましたか。

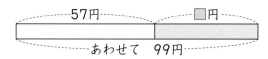

┌─── 57円 ───┐ ┌─ □円 ─┐

└──── あわせて 99円 ────┘

しき

こたえ (   )

③ カブトムシが 11ぴき, クワガタムシが カブトムシより 5ひき
すくなく 木に とまって います。あとから クワガタムシが なん
びきか とんで きたので, カブトムシと クワガタムシは あわせて
20ぴきに なりました。とんで きた クワガタムシは なんびきで
すか。

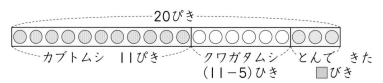

┌────── 20ぴき ──────┐

└ カブトムシ 11ぴき ┘ └ クワガタムシ ┘ └ とんで きた ┘
　　　　　　　　　　　　(11-5)ひき　　　　□びき

しき

こたえ (   )

④ いろがみを　20まい　もって　います。きのう　7まい，きょうは
きのうより　2まい　すくなく　つかいました。その　あと　おねえさん
から　6まい　もらいました。いろがみは　なんまいに　なりましたか。

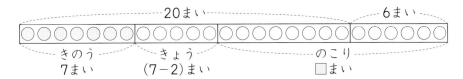

きのう　　　きょう　　　　　　　　のこり
7まい　　（7-2）まい　　　　　　□まい

しき

こたえ　（　　　　　　　　　　）

⑤ 18人の　子どもが　1れつに　ならんで　います。あやかさんの
まえには　5人，たけしさんの　うしろには　6人　います。あやかさ
んと　たけしさんの　あいだには　なん人　いますか。

〈まえ〉━━━━━━━━18人━━━━━━━━〈うしろ〉
└5人┘　　　└□人┘　　　└━6人━┘
あやか　　たけし

しき

こたえ　（　　　　　　　　　　）

━━━ ✦✦✦ **できたらスゴイ！** ━━━

⑥ みきさんは　ハンカチを　14まい　もって　いま
した。おかあさんから　6まい　もらい，いもうとに
なんまいか　あげたので，いもうとが　もって　いる
ハンカチは　みきさんの　はんぶんの　かずの　8まいに　なりました。
みきさんは　いもうとに　なんまい　あげましたか。

しき

こたえ　（　　　　　　　　　　）

!ヒント
⑥ ずに　かいて　かんがえ
ましょう。

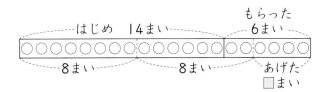

はじめ　14まい　　　　　もらった 6まい
8まい　　　　　8まい　　　　あげた □まい

思考力育成問題

答え▶20ページ

20より 大きな かずが 出てくる おはなしだよ。

❓🔍 ふくろに 入った おかしを かおう!

⭐ おはなしを よんで あとの もんだいに こたえましょう。

　ひろしさんは おかあさんと えきの ちかくに ある おかしの みせに いきました。たなに 1れつに ならんで いる おかしは どれも おいしそうです。

　パーティーで 出す おかしを かいます。1つの ふくろの 中に たくさん 入って いる おかしを かうことに しました。

　右から 3ばん目の たなには 28こ入りの ライオンキャンディが あります。左から 4ばん目の たなには くまチョコレートが あります。

　ひろしさんは くまチョコレートを かうことに しました。くまチョコレートの 1ふくろは ライオンキャンディの 1ふくろより 5こ すくなかったので たりなく ならない ように 2ふくろ かうことに しました。

　ひろしさんを 入れて 4人で パーティーを するつもりです。1人 11こずつ くばると くまチョコレートは みんなに くばることが できて □こ あまります。

❶ くまチョコレートを　右から　かぞえると　6ばん目の　たなに　ありました。ライオンキャンディは　左から　なんばん目の　たなに　ありますか。

しき

<こたえ>（　　　　　　　　　）

❷ くまチョコレートの　1ふくろの　中に　なんこ　チョコレートが　入って　いますか。

しき

<こたえ>（　　　　　　　　　）

❸ ひろしさんが　てに　いれた　チョコレートは　あわせて　なんこ　ですか。

しき

<こたえ>（　　　　　　　　　）

❹ おはなしの　□に　あてはまる　かずを　もとめましょう。

しき

<こたえ>（　　　　　　　　　）

❗ヒント
❶ くまチョコレートの　ふくろが　右から　6ばん目で，左から　4ばん目です。
たなが　いくつ　あるかを　かんがえましょう。
❷ おはなしを　よんで　ライオンキャンディが　1ふくろに　なんこ　あるかを　よみとりましょう。そのあと，くまチョコレートの　1ふくろが　ライオンキャンディの　1ふくろより　いくつ　すくないかを　しらべましょう。
❹ パーティーで　4人に　11こ　くばるとき，ひつような　チョコレートは　11+11+11+11の　しきに　なります。

「答えと考え方」を　よんで　おさらいしよう！　　61

答え▶21ページ

15 ながさくらべ

たしかめ よう ✦ ✦ ✦ 標準レベル

いくつぶんか かんがえて ながさを くらべよう。

れいだい1 どちらが ながい(1)

あ, ⓘの どちらが ながいですか。

ながいのは

ときかた はしを そろえて くらべます。

1 あ, ⓘの どちらが ながいですか。

❶ 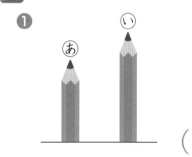 ( )

❷ ( )

2 あ, ⓘの どちらが ながいですか。

❶ 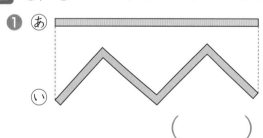 ( )

❷ 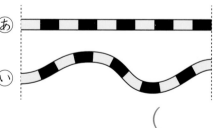 ( )

3 たてと よこの どちらが ながいですか。

❶ 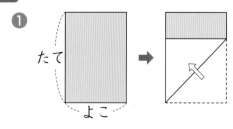 ( )

❷ 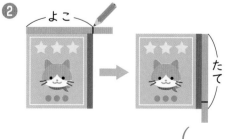 ( )

郵 便 は が き

1 4 1 8 4 2 6

おそれいりますが、切手をおはりください。

東京都品川区西五反田 2 −11− 8

(株) 文理

「トクとトクイになる！
小学ハイレベルワーク」
アンケート係

- - - - - - ✂ はがきで送られる方はここを切り取ってください。- - - - - - -

「トクとトクイになる！小学ハイレベルワーク」をお買い上げいただき、ありがとうございました。今後のよりよい本づくりのため、裏にあるアンケートにお答えください。

アンケートにご協力くださった方の中から、抽選で（年2回）、図書カード1000円分をさしあげます。（当選者の発表は賞品の発送をもってかえさせていただきます。）なお、このアンケートで得た情報は、ほかのことには使用いたしません。

《はがきで送られる方》

① 左のはがきの下のらんに、お名前など必要事項をお書きください。
② 裏にあるアンケートの回答を、右にある回答記入らんにお書きください。
③ 点線にそってはがきを切り離し、お手数ですが、左上に切手をはって、ポストに投函してください。

《インターネットで送られる方》

文理のホームページよりアンケートのページにお進みいただき、ご回答ください。

https://portal.bunri.jp/questionnaire.html

ご住所	〒			
		都道府県	市区郡	ー ー
			電話	ー ー
	フリガナ			
お名前			男・女	学年 年
お買上げ月	年 月	学習塾に □通っている □通っていない		
スマートフォンを □持っている □持っていない				

＊ご住所は町名・番地までお書きください。

●次のアンケートにお答えください。回答は右のらんにあてはまる□をぬってください。

[1] 今回お買い上げになった教科は何ですか。
①国語 ②算数 ③理科 ④社会

[2] 今回お買い上げになった学年は何ですか。
①1年 ②2年 ③3年
④4年 ⑤5年 ⑥6年

[3] この本をお選びになったのはどなたですか。
①お子様 ②保護者様 ③その他

[4] この本を選ばれた決め手は何ですか。(複数可)
①内容・レベルがちょうどよいので。
②カラーで見やすく、わかりやすいので。
③「答える考え方」がくわしいので。
④中学受験を考えているので。
⑤自動採点CBTがついているので。
⑥付録がついているので。
⑦知り合いにすすめられたので。
⑧書店ネットなどですすめられていたので。
⑨その他

[5] どのような使い方をされていますか。(複数可)
①お子様お一人で使用
②保護者様といっしょに使用
③答え合わせだけ、保護者様といっしょに使用
④その他

[6] 内容はいかがでしたか。
①わかりやすい ②ややわかりにくい
③わかりにくい ④その他

[7] 問題の量はいかがでしたか。
①ちょうどよい ②多い ③少ない

[8] 問題のレベルはいかがでしたか。
①ちょうどよい ②難しい ③やさしい

[9] ページ数はいかがでしたか。
①ちょうどよい ②多い ③少ない

[10] 表紙デザインはいかがでしたか。
①よい ②ふつう ③よくない

[11] 別冊用の「答える考え方」はいかがでしたか。
①ちょうどよい ②もっとくわしく
③もっと簡単でもよい ④その他

[12] 付属の自動採点CBTはいかがでしたか。
①役に立つ ②役に立たない
③使用していない

[13] 役に立った付録は何ですか。(複数可)
①しあげのテスト(理科と社会の1・2年をのぞく)
②問題シール(理科と社会の1・2年)
③WEBでもっと解説(算数のみ)

[14] 学習記録アプリ「まなサポ」はいかがですか。
①役に立つ ②役に立たない ③使用していない

[15] 文理の問題集で、使用したことのあるものが
あれば教えてください。(複数可)
①小学教科書ワーク
②小学教科書ドリル
③小学教科書ガイド
④できる!!がふえるドリル
⑤トップクラス問題集
⑥全科まとめて
⑦ハイレベル算数ドリル
⑧その他

[16] 「トクとトクイになる!小学ハイレベルワーク」
シリーズに追加発行してほしい学年・分野・教科
などがありましたら、教えてください。

[17] この本について、ご感想やご意見・ご要望が
ありましたら、教えてください。

[18] この本の他に、お使いになっている参考書や
問題集がございましたら、教えてください。また、
どんな点がよかったかも教えてください。

アンケートの回答：記入らん

[1] □① □② □③ □④ □⑤ □⑥ □⑦
[2] □① □② □③ □④ □⑤ □⑥ □⑦
[3] □① □② □③
[4] □① □② □③ □④( ) □⑤ □⑥
[5] □① □② □③ □④
[6] □① □② □③ □④( )
[7] □① □② □③
[8] □① □② □③
[9] □① □② □③
[10] □① □② □③
[11] □① □② □③ □④( )
[12] □① □② □③
[13] □① □② □③
[14] □① □② □③
[15] □① □② □③ □④ □⑤ □⑥ □⑦
□⑧( )

[16]

[17]

[18]

ご協力ありがとうございました。トクとトクイになる!小学ハイレベルワーク

ものしり
さんすう
まめちしき

かん字で　すう字を　かくと「一」,「二」,「三」…に　なるね。「漢数字」と　いうよ。けいさんで　つかうときや　じこくや　じかんなど　かわって　いく　かずは　さんようすう字の　ほうが　よみやすいね。

れいだい2　どちらが　ながい⑵

ⓐ, ⓘの　どちらが　ながいですか。

ながいのは

ときかた　ますの　いくつぶんで　かんがえます。

4 右の　えを　見て, こたえましょう。

❶ いちばん　ながいのは,
　ⓐ～ⓒの　どれですか。

（　　　）

❷ いちばん　みじかいのは, ⓐ～ⓒの　どれですか。

（　　　）

5 ながい　じゅんに　ばんごうを　かきましょう。

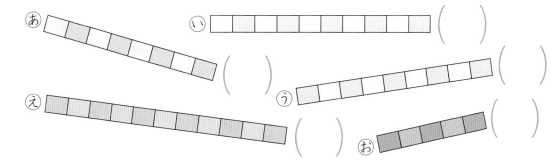

答え▶21ページ

15 ながさくらべ

ふかめよう ★★★ ハイレベル

いろいろな ながさを くらべ
られるように なろう。

1 —— が ながい ほうに ○を つけましょう。

❶
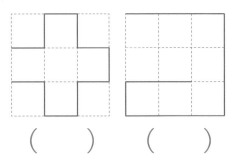

( )　　( )

❷
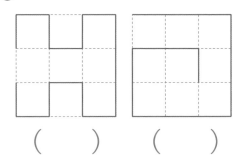

( )　　( )

❸
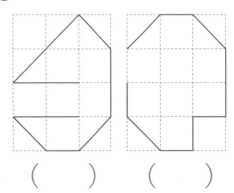

( )　　( )

❹
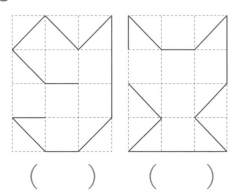

( )　　( )

2 右の えを 見て きごうで こたえましょう。

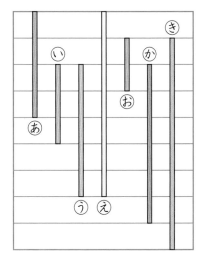

❶ ⓘの 2つぶんの ながさの ものは
どれですか。

( )

❷ ⓚの はんぶんの ながさの ものは
どれですか。

( )

❸ ⓐと ⓘを あわせた ながさに な
るのは, ほかの どれと どれを あわ
せた ときですか。(と)

❸ 下の　えを　見て，きごうで　こたえましょう。

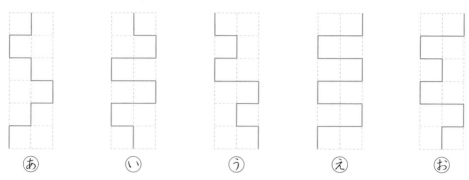

ⓐ　　　　　ⓘ　　　　　ⓤ　　　　　ⓔ　　　　　ⓞ

❶ いちばん　ながい　ものは　どれですか。　　　　（　　　）

❷ ⓐと　ⓘを　あわせた　ながさと　おなじ　ながさに　なるのは，
どれと　どれを　あわせた　ときですか。　　（　　　と　　　）

❸ ⓔと　ⓞの　ちがいと　おなじ　ながさに　なるのは，どれと　ど
れの　ちがいですか。　　　　　　　　　　　（　　　と　　　）

✦✦✦ できたらスゴイ！

❹ 右の　えを　見て，きごうで　こたえましょう。

❶ ⓞの　4つぶんの　ながさの　えん
ぴつは　どれですか。　　　（　　　）

❷ ⓚの　ながさの　はんぶんの　その
また　はんぶんの　ながさの　えんぴ
つは　どれですか。　　　　（　　　）

❸ ⓔの　ながさの　2つぶんと　おな
じに　なるのは，ⓐの　ながさの　い
くつぶんですか。　（　　　　　）

❹ ⓐと　ⓞを　あわせた　ながさの　3つぶんに　なるのは，どれと
どれを　あわせた　ながさですか。　　　　（　　　と　　　）

！ヒント
❹　えんぴつが　なん目もりぶん　あるかを　かぞえて　おきます。
　❹ ⓐと　ⓞを　あわせた　ながさは　6で，その　3つぶんの　ながさは
　6+6+6＝18に　なります。

16 かさくらべ

入れものを つかって, 水の かさを くらべよう。

れいだい1 　どちらが おおい(1)

水が おおく 入って いるのは, ⓐ, ⓘの どちらですか。

ⓐ 　　　ⓘ

おおいのは

ときかた　水の たかさの たかい ほうが おおいです。

1 ⓐ, ⓘ, ⓤの 水そうに 水が 入って います。いちばん おおく 入って いるのは どれですか。

ⓐ 　　　ⓘ 　　　ⓤ

（　　　）

2 水が おおく 入って いる ほうに ○を つけましょう。

❶　　　　　　　❷　　　　　　　❸ おなじ 大きさの 入れもの

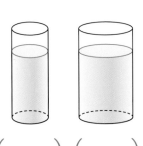 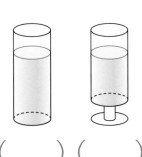 

（　　　）（　　　）　（　　　）（　　　）　（　　　）（　　　）

さんすう
まめちしき

まるで　できた　入れものと，ましかくで
できた　入れものは，入る　かさが　ちがうよ。
ましかくの　ほうが　おおく　水が　入るよ。

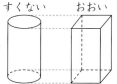

すくない　　おおい

れいだい2　　どちらが　おおい⑵

水とうに　入る　水の　かさを　しらべて　います。

① あ，いには　コップ　なんばいぶんの　水が　入りますか。

  □ はいぶん

   □ ぱいぶん

② 水が　おおく　入るのは，あ，いの　どちらですか。

おおいのは □

▶**ときかた** コップの　なんばいぶんかで　かんがえます。

---

3 なべに　入る　水の　かさを　しらべて　います。

❶ いちばん　おおく　入る　なべは　どれですか。 □

❷ いちばん　おおく　入る　なべと　いちばん　すくなく　入る

なべでは，コップ　なんばいぶん　ちがいますか。 □ はいぶん

答え▶22ページ

16 かさくらべ

ふかめ よう ★★★ ハイ レベル

水の かさを くらべる もんだいを とこう。

❶ おなじだけ 水が 入って います。いちばん 大きい 入れものに ○，いちばん 小さい 入れものに ×を つけましょう。

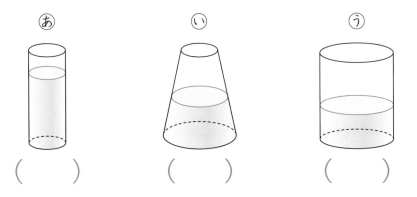

ⓐ ( )　　ⓘ ( )　　ⓤ ( )

❷ ジュースの 入った 目もりの ついて いる ペットボトルが あります。ⓐの ペットボトルの ジュースは コップ 8ぱいぶんです。

❶ ⓘの ペットボトルの ジュースは，コップ なんばいぶんに なりますか。　　　　　　　　　　（　　　　　　　）ぶん

❷ ⓘと ⓤの ジュースを あわせると，コップ なんばいぶんに なりますか。　　　　　　　　　（　　　　　　　）ぶん

❸ コップ 15はいぶんの ジュースが ほしい とき，ⓐ，ⓘ，ⓤの ペットボトルの うち，どれと どれが あれば よいですか。

（　　　　と　　　　）

✦✦✦ **できたらスゴイ！**

❸ 右の　目もりの　ペットボトルには,
しょうゆ入れ　10こぶんの　しょうゆが
入って　います。❶〜❹の　しょうゆは
しょうゆ入れ　なんこぶんですか。

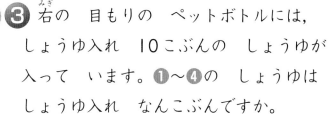 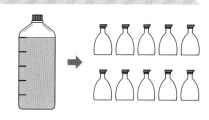

❶ 　❷ 　❸ 　❹

（　　　　　）　（　　　　　）　（　　　　　）　（　　　　　）

❹ ⑦の　ペットボトルに　入って　いる　ジュースは　1本ぶんで,⑦
の　ペットボトルに　入って　いる　ジュースは　3本ぶんで,コップ
6ぱいぶんに　なります。

❶ コップ　30ぱいの　ジュース
は,⑦の　ペットボトル　なん
本ぶんですか。

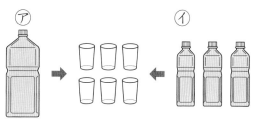

（　　　　　　　　）

❷ コップ　20ぱいの　ジュース
は,⑦の　ペットボトル　なん本ぶんですか。（　　　　　　　　）

❸ ⑦,⑦の　ペットボトルが　あわせて　8本　あります。コップに
わけたところ,28ぱいに　なりました。⑦,⑦の　ペットボトルは
それぞれ　なん本　ありますか。

⑦（　　　　　　　　）　⑦（　　　　　　　　）

❗**ヒント**
❸ 1目もりで　しょうゆ入れ　2こぶんに　なるので,1目もりの　はんぶ
んが　しょうゆ入れ　1こぶんに　なります。
❹ ❸ ⑦が　1本,⑦が　7本の　とき,6+14＝20(ぱい),⑦が　2本,⑦
が　6本の　とき,12+12＝24(はい),…と,じゅんばんに　かんが
えます。

「答えと考え方」を　よんで　おさらいしよう！　　**69**

17 ひろさくらべ

たしかめ よう ✦✦✦ 標準レベル

ひろさを くらべよう。

れいだい1 どちらが ひろい(1)

あ, ①の シートの ひろさを くらべます。あ, ①の どちらが
ひろいですか。

はしを そろえて います。

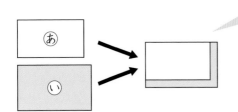

ひろいのは

ときかた かさねて あまりの でる ほうが ひろいです。

---

1 あ, ①, ⑤の かみの ひろさを くらべます。ひろい じゅんに
あ, ①, ⑤の きごうを かきましょう。

   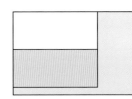

( ) ➡ ( ) ➡ ( )

2 けいじばんに えを はりました。あ, ①の どちらの けいじば
んが ひろいですか。

( )

ものしり さんすう まめちしき

はばが おなじ まると しかくの 大きさを くらべると，しかくい かたちの ほうが 大きいよ。

れいだい2 どちらが ひろい⑵

あ，いの どちらが ひろいですか。

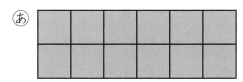 あ

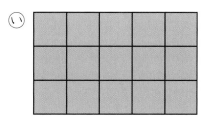 い

ひろいのは ☐

ときかた ますの いくつぶんで かんがえます。

3 あ，いの どちらが ひろいですか。

あ

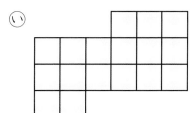 い

ひろいのは ☐

4 いろを ぬった ところが ひろい じゅんに ばんごうを かきましょう。

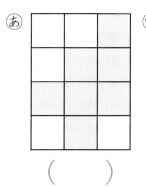 あ

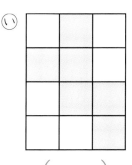 い

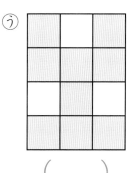 う

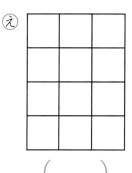 え

あ（　　）　い（　　）　う（　　）　え（　　）

17 ひろさくらべ

ふかめよう ★★★ ハイ レベル

おなじ　かたちで　できた
ものの　ひろさを　くらべよう。

① 下の　えを　見て　こたえましょう。

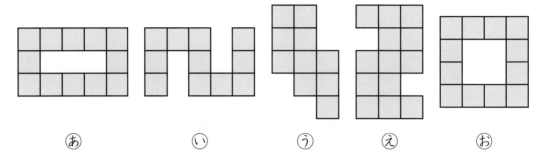

　　ⓐ　　　　　　ⓘ　　　　　ⓤ　　ⓔ　　　　　ⓞ

❶ ▢の　かずを　くらべると，ⓐは　ⓤより　なんこ　おおいです
か。　　　　　　　　　　　　　　　　　　　（　　　　　　　）

❷ ▢の　かずを　くらべると，ⓘと　ⓔでは　どちらが　なんこ
すくないですか。　　　　　　　　　（　　　　　　　　　　）

❸ ▢の　かずが　おなじ　ものは　どれと　どれですか。
　　　　　　　　　　　　　　　　　　（　　　　と　　　　）

❹ ▢の　かずが　いちばん　おおい　ものと　いちばん　すくない
ものとの　ちがいは　なんこですか。　　　　（　　　　　　　）

② ひろい　じゅんに　ならべましょう。

ⓐ　　　　　　　　ⓘ　　　　　　　　ⓤ

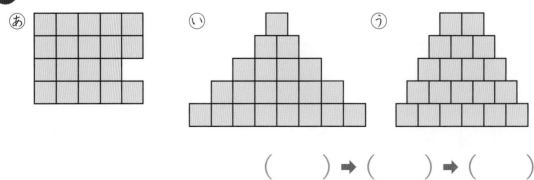

　　（　　　）➡（　　　）➡（　　　）

❸ おなじ △ を ならべます。△ は, ㋐, ㋑の どちらが おおいですか。また, △の いくつぶん おおいですか。

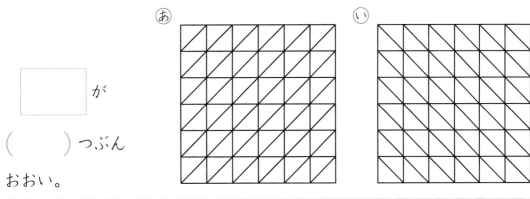

㋐

□ が

(　　) つぶん

おおい。

✦✦✦ できたらスゴイ！

❹ おなじ かたちで いろが ちがう △と △と △を ならべて いきます。

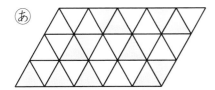 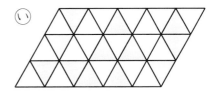

❶ ㋐と ㋑では, 青い ところ△と きいろい ところ△を あわせた ひろさは, どちらが ひろいですか。　　　　　(　　　　)

❷ ㋐と ㋑の 青い ところ△を あわせた ひろさと, ㋐と ㋑の きいろい ところ△を あわせた ひろさでは, どちらが ひろいですか。(　　　　ところ)

❸ ㋐の きいろい ところ△と 白い ところ△を あわせた ひろさは, ㋑の 白い ところ△の ひろさの いくつぶんですか。
(　　　　つぶん)

!ヒント

❹ ❷ ㋐と ㋑の 青い ところは, 12＋12＝24, きいろい ところは, 10＋12＝22です。

❸ ㋐の きいろい ところと 白い ところを あわせると 18こ, ㋑ の 白い ところは 6こです。

18 せいりの しかた

答え▶24ページ

たしかめよう ✦ ✦ ✦ 標準レベル

かずを せいりして おおい ほうを かんがえよう。

れいだい かずしらべ

つるを おりました。かずを せいりして しらべましょう。

    けんと   ありさ   はるか   りく

① おった つるの かずだけ, ○に いろを ぬりましょう。

② いちばん おおく つるを おった のは だれですか。

        (   )

③ 3ばん目に おおく おったのは だれですか。

        (   )

④ はるかさんは, ありささんより なんこ おおく おりましたか。

        ☐ こ

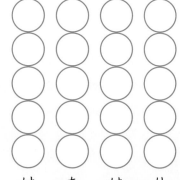

けんと　ありさ　はるか　りく

ときかた 下から いろを ぬって せいりします。

ものしり さんすう まめちしき

まるい コップを 上から 見た とき まるい ところの こと を 「ふち」と いうよ。ふちが まるいと 口を つけた ときに ジュースが のみやすく なるよ。

1 まりなさんの くみでは，すきな きゅうしょくの メニューを しらべました。

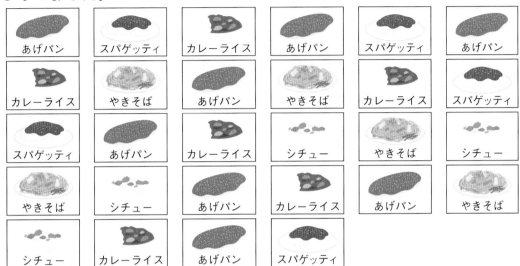

あげパン	スパゲッティ	カレーライス	あげパン	スパゲッティ	あげパン
カレーライス	やきそば	あげパン	やきそば	カレーライス	スパゲッティ
スパゲッティ	あげパン	カレーライス	シチュー	やきそば	シチュー
やきそば	シチュー	あげパン	カレーライス	あげパン	やきそば
シチュー	カレーライス	あげパン	スパゲッティ		

❶ すきな メニューの かずだけ，○に いろを ぬりましょう。

❷ いちばん 人気の ある メニュー は なんですか。　（　　　　　）

❸ えらんだ 人の かずが おなじ なのは，どの メニューと どの メニューですか。

（　　　　　）と（　　　　　）

❹ カレーライスと シチューを えら んだ 人は，どちらが なん人 おお いですか。

（　　　　　）を えらんだ 人が （　　　）人 おおい。

あげパン　スパゲッティ　カレーライス　シチュー　やきそば

75

18 せいりの しかた

ふかめよう ★★★ ハイレベル

> ひょうに せいりすると, ちがいを かんがえやすく なるね。

1 つとむさんは あさ いちばん はやく にわに くる とりを しらべました。

スズメ…○, キジバト…△, メジロ…□

日	1	2	3	4	5	6	7	8	9	10	11	12	13	14	15
とり	○	△	□	□	○	△	○	△	□	○	○	△	□	△	○

日	16	17	18	19	20	21	22	23	24	25	26	27	28	29	30
とり	△	□	○	○	△	○	□	○	△	□	□	○	△	□	△

❶ それぞれの とりが あさ いちばん はやく にわに きた 日の かずを, 右の ひょうに かき入れましょう。

とり	スズメ	キジバト	メジロ
日			

❷ キジバトと メジロでは, どちらが なん日 すくないですか。

(　　　　　) が (　　　　) 日 すくない。

2 たろうさんたちは きんぎょすくいで 10かい きんぎょを すくい, すくった きんぎょの いろを ひょうに しました。

❶ すくった 赤い きんぎょの かずを 下の ひょうに まとめましょう。

ア…赤い きんぎょ　ク…くろい きんぎょ

名まえ＼かいすう	1	2	3	4	5	6	7	8	9	10
たろう	ア	ク	ア	ア	ク	ア	ア	ア	ク	ア
はるな	ク	ク	ア	ア	ク	ア	ア	ク	ア	ク
だいき	ア	ク	ア	ク	ア	ク	ア	ク	ア	ア
りな	ク	ク	ア	ク	ク	ア	ク	ク	ア	ク
ももか	ア	ク	ク	ア	ア	ク	ア	ア	ク	ク

名まえ	たろう	はるな	だいき	りな	ももか
かず					

❷ 赤い きんぎょを 2ばん目に おおく すくったのは だれですか。

(　　　　　　)

❸ まみさんたちが　すきな　くだも
のの　えを　1つずつ　かきました。
くだものの　えを　せいりして　わ
かる　ことを　□に　かきましょう。

バナナ	りんご	いちご	みかん

れい　おなじ　くらい　人気の　ある
くだものは　りんごと　みかんです。

⭐⭐⭐ **できたらスゴイ！**

❹ 下の　ひょうは，ゆうじさんが　かぞくで　すごろくゲームを　5か
い　した　ときの　てんすうを　あらわして　います。たとえば，ゆう
じさんの　2かい目は　4てんです。

❶ 5かい　あわせた　てんすう
　　が　いちばん　おおかったの
　　は　だれですか。

名まえ　＼　かいすう	1	2	3	4	5
おとうさん	4	3	3	1	3
おかあさん	3	2	2	2	4
おねえさん	2	1	4	4	1
ゆうじさん	1	4	1	3	2

　　　　　　　　　（　　　　　　　）

❷ ゆうじさんと　おねえさんの　5かい　あわせた　てんすうが　おな
　　じに　なるには，ゆうじさんと　おとうさんの　てんすうが　なんか
　　い目に　入れかわって　いたら　よいですか。（　　　　　　　　　）

❸ ゆうじさんと　おかあさんの　5かい　あわせた　てんすうが　お
　　なじに　なるには，ゆうじさんと　おかあさんの　てんすうが　なん
　　かい目に　入れかわって　いたら　よいですか。（　　　　　　　　）

❗ヒント
❹ ❷❸　1かいごとに　1てんから　4てんまで　てんすうが　ついて　いま
　　　す。てんすうの　さに　気を　つけて，なんかい目で　入れかえれば
　　　よいか　かんがえます。

19 なんじ なんじはん

答え▶25ページ

たしかめ よう　✦　✦　標準レベル

なんじ　なんじはんの
とけいを　よんだり　かいたり
しよう。

れいだい1 なんじ

ながい　はりは　　□　の　すう字を，みじ

かい　はりは　　□　の　すう字を　さして

います。いま　□　じです。

ときかた　みじかい　はりで　なんじを　よみます。

---

1 とけいを　よみましょう。

❶

(　　　　　　　　)

❷

(　　　　　　　　)

❸

(　　　　　　　　)

---

2 ながい　はりと　みじかい　はりを　かきましょう。

❶ 3じ

❷ 7じ

❸ 5じ

ものしり　さんすう
まめちしき

じかんには 「ごぜん」と 「ごご」が あるよ。おひるの 12じ を 「しょうご」と いって, そのまえの じかんが, ごぜん, あと の じかんが ごご。どちらも 12じかんずつだね。

れいだい2　なんじはん

ながい はりは ☐ の すう字を, みじ

かい はりは ☐ と ☐ の すう字の

あいだを さして います。

いま ☐ じはんです。

ときかた ながい はりが 6を さして いる ときは 「なんじ はん」と いいます。

3 とけいを よみましょう。

❶　　　　　　　❷　　　　　　　❸

(　　　　　　　)　(　　　　　　　)　(　　　　　　　)

4 ながい はりと みじかい はりを かきましょう。

❶ 10じはん　　　❷ 3じはん　　　❸ 7じはん

答え▶25ページ

19 なんじ　なんじはん

ふかめよう ★★★ ハイレベル

とけいの　ながい　はりや
みじかい　はりを　すすめて
かんがえよう。

1 なんじ　または　なんじはんに　なりますか。

❶

から,

ながい　はりが　6に　すすむと
（　　　　　　　　）

ながい　はりが　1かい　まわると
（　　　　　　　　）

❷

から,

ながい　はりが　12に　すすむと
（　　　　　　　　）

ながい　はりが　1かい　まわると
（　　　　　　　　）

❸

から,

ながい　はりが　6に　すすむと
（　　　　　　　　）

ながい　はりが　2かいはん　まわると
（　　　　　　　　）

❹

から,

ながい　はりが　2かい　まわると
（　　　　　　　　）

ながい　はりが　3かいはん　まわると
（　　　　　　　　）

✦✦✦ できたらスゴイ！

❷ なんじなんぷんに　なりますか。

❶

から、
- 20ぷんあとは　（　　　　　　　）
- 20ぷんまえは　（　　　　　　　）

❷

から、
- 40ぷんあとは　（　　　　　　　）
- 30ぷんまえは　（　　　　　　　）

❸

から、
- 10ぷんあとは　（　　　　　　　）
- 20ぷんまえは　（　　　　　　　）

❸ みさきさんは　きのう　9じはんから　12じまでと　5じから　6じ
はんまでは　べんきょうを　して，1じから　4じはんまでは　あそび
ました。　べんきょうを　した　じかんは　あそんだ　じかんより
なんぷん　おおいですか。

（　　　　　　　　　　）

！ヒント
❸ 9じはんから　12じまでは　2じかんはん，5じから　6じはんまでは
1じかんはんなので，べんきょうした　じかんは　4じかんです。

答え▶26ページ

20 なんじなんぷん

たしかめ よう ✦ ✦ ✦ 標準 レベル

5ふん，15ふんの とけいの よみかたを かくにんしよう。

れいだい1 なんじなんぷん(1)

なんじなんぷんですか。

①

いえを 出る

じ　ふん

②

学校に つく

じ　ふん

ときかた ながい はりは 1目もりで 1ぷんです。

---

1 とけいの よみかたを せんで むすびましょう。

❶

❷

❸

・　　　　　・　　　　　・

・　　　　　・　　　　　・

8じ25ふん	3じ45ふん	6じ10ぷん

さくらんぼや　ぶどうは,「1つぶ」,「2つぶ」,…と, まとまりの なかに つぶが いくつ あるかが わかるように かぞえると わかりやすいね。まとまりを あらわしたい ときは 「ふさ」を つかうよ。

れいだい2　なんじなんぷん(2)

◯に あう かずを かきましょう。

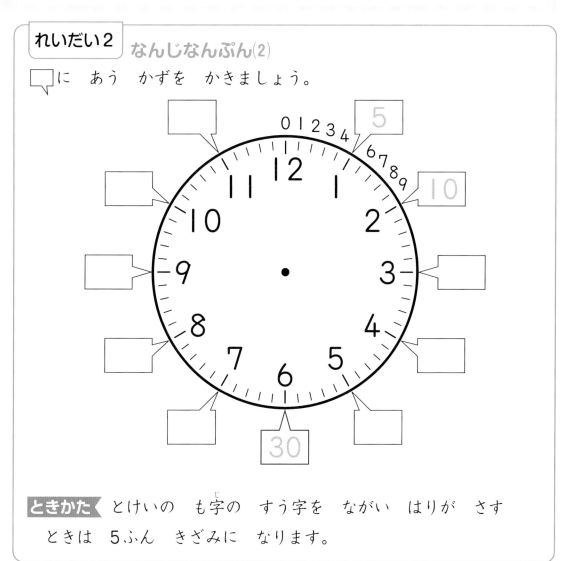

ときかた とけいの も字の すう字を ながい はりが さす ときは 5ふん きざみに なります。

2 とけいを よみましょう。

❶ (　　　　　　　)　❷ (　　　　　　　)　❸ (　　　　　　　)

83

20 なんじなんぷん

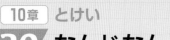
ふかめよう ★★★ ハイ レベル

ながいはりが いろいろな
ところに ある もんだいを
といてみよう。

1 とけいを よみましょう。

❶

❷

❸

(   )   (   )   (   )

❹

❺

❻

(   )   (   )   (   )

❼

❽

❾

(   )   (   )   (   )

84

❷ ながい　はりと　みじかい　はりを　かきましょう。

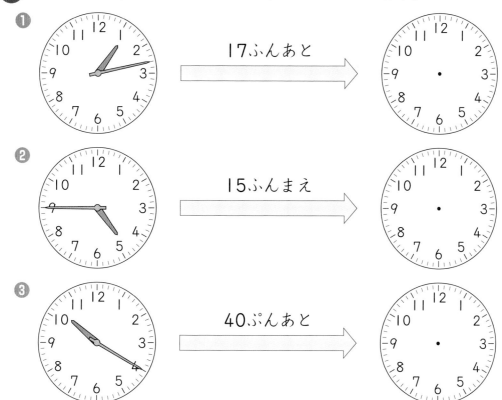

❶ 17ふんあと

❷ 15ふんまえ

❸ 40ぷんあと

★★★ できたらスゴイ！

 ❸ ながい　はりと　みじかい　はりを　かきましょう。

❶ 8じ20ぷんから
5じかんまえ

❷ 9じ15ふんから
7じかんあと

❸ 4じ40ぷんから
1じかん50ぷんまえ

！ヒント

❸ ❶ みじかい　はりを　5つぶん　もどします。

❷ みじかい　はりを　7つぶん　すすめます。

❸ 「1じかん50ぷん」を　「1じかん」と　「50ぷん」に　わけて　かんがえましょう。

21 かたちあそび

答え▶28ページ

たしかめ よう

標準 レベル

おなじ かたちを なかまに わけて みよう。

れいだい1 はこの かたち・つつの かたち

★の はこと おなじ かたちは どちらですか。

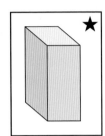

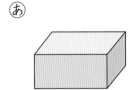 あ

 い

(　　　　　　　　)

ときかた むきを かえて おかれて います。

---

1 おなじ かたちの なかまを きごうで わけましょう。

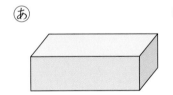 あ　　　 い　　　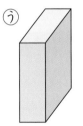 う　　　え　　　 お

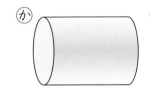 か　　　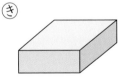 き　　　 く　　　け　　　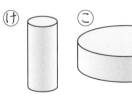 こ

❶ の なかま　　　　❷ の なかま

(　　　　　　　　)　　　　(　　　　　　　　)

2 どんな かたちが, なんこ つかわれて いますか。

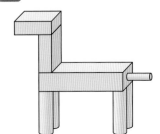

❶ の なかま (　　　　　　)こ

❷ の なかま (　　　　　　)こ

おかねを　はらう　ときに　もらうものは　なにかな？　おつりだね。「つり」と　いうのは　もともとは　「つりあい」の　ことだよ。2つの　ものを　くらべた　ときに　大きさが　おなじと　いうことだよ。

れいだい2  そこの　かたち

つみ木の　そこの　かたちを　うつしました。どのような　かたちに　なりましたか。せんで　むすびましょう。

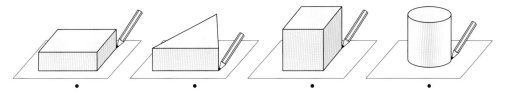

ときかた そこの　かたちは　上から　見た　かたちと　おなじに　なっています。

 下の　つみ木を　うつして　できる　かたちは　どれですか。あ〜え から　ぜんぶ　えらびましょう。

❶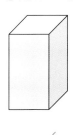

（　　　　　　）

❷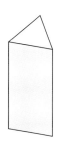

（　　　　　　）

87

答え ▶ 28ページ

21 かたちあそび

ふかめよう ★★★ ハイレベル

つつや はこや ボールの
かたちを しらべて みよう。

1 なかまはずれの かたちを えらび, きごうと その かたちの
名_なまえを かきましょう。

❶
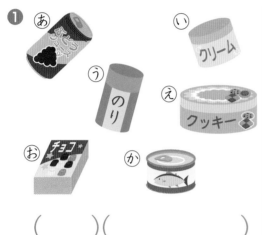

❷
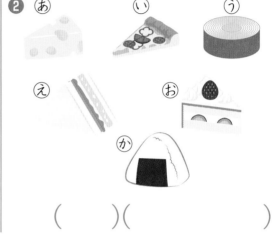

( )( )　　　( )( )

2 いろいろな かたちを くみあわせて 下_{した}の かたちを つくりまし
た。どの かたちを いくつ つかいますか。

❶
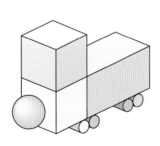

❷
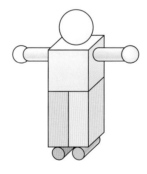

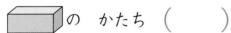 の かたち ( )　　　　 の かたち ( )

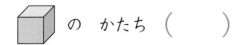 の かたち ( )　　　　 の かたち ( )

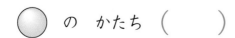 の かたち ( )　　　　 の かたち ( )

 の かたち ( )　　　　 の かたち ( )

❸ 下の　つみ木を　上(うえ)から　見(み)た　かたち，よこから　見た　かたちを
かきました。正(ただ)しい　ものは　どれですか。

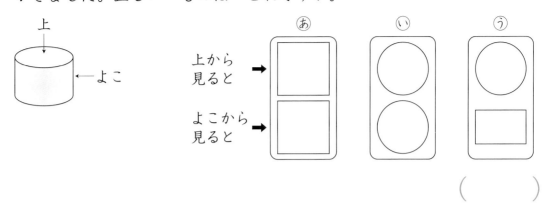

(　　　)

━━━ ✦✦✦ できたらスゴイ！ ━━━

❹ 下の　かたちを　てんせんの　ところで　きると，きり口(くち)は　どんな
かたちに　なりますか。□の　中(なか)に　かたちを　かきましょう。

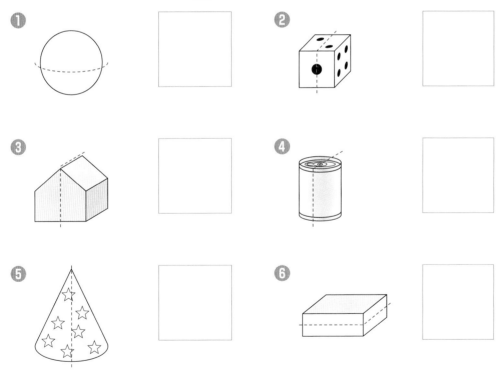

❶
❷
❸
❹
❺
❻

⚠ ヒント
❹ てんせんの　ところで　きると，どんな　かたちに　なるか　そうぞうし
て　みましょう。❶と　❻は　上から　見た　かたち，❷〜❺は　よこから
見た　かたちに　なります。

22 かたちづくり

答え▶29ページ

 たしかめよう　✦✦✦ 標準 レベル

おなじ ものを いくつか つかって かたちを つくろう。

れいだい1　かたちづくり(1)

 の いたを つかって かたちを つくりました。

それぞれ なんまい つかいましたか。

①

②

（　　　）まい　　　　　　　（　　　）まい

ときかた いたの かずを かぞえます。

1 の いたを なんまい つかって いますか。

❶

❷

❸

（　　　）まい　　　（　　　）まい　　　（　　　）まい

❹

❺

❻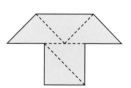

（　　　）まい　　　（　　　）まい　　　（　　　）まい

さいころを　はさみを　つかって，きりひらいて　みると，おなじ
しかくの　かたちが，6こ　できるよ。

れいだい2　かたちづくり⑵

── を　なん本 つかって　いますか。

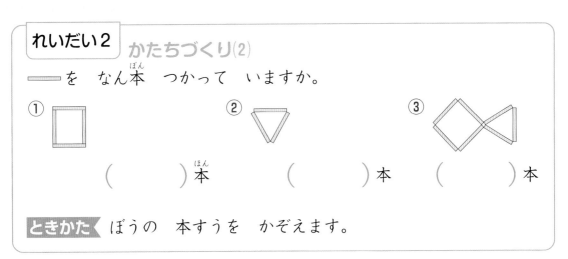

① ② ③

（　　　　）本　　　　（　　　　）本　　　（　　　　）本

ときかた　ぼうの　本すうを　かぞえます。

---

2 ぼうを　つかって　かたちを　つくりました。ぼうを　なん本
つかって　いますか。

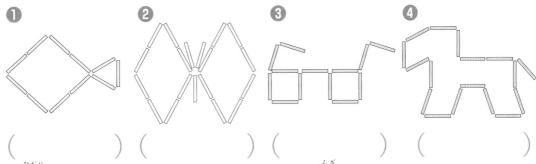

❶ ❷ ❸ ❹

（　　　　）　（　　　　）　（　　　　）　（　　　　）

3 左の　かたちの　ぼうを　うごかして，右の　かたちを　つくりまし
た。うごかした　ぼうは　なん本　ですか。うごかす　かずを　いちば
ん　すくなくして　こたえましょう。

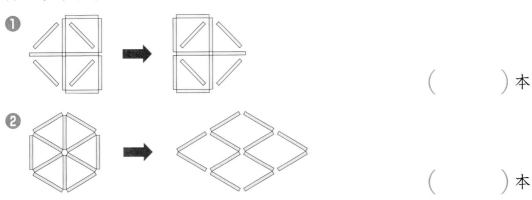

❶

（　　　　）本

❷

（　　　　）本

22 かたちづくり

ふかめよう ★★★ ハイ レベル

> いろいたや ぼうを つかうと いろいろな かたちが つくれるね。

❶ ぼうと ねん土で いろいろな かたちを つくりました。

❶～❸に あてはまる かたちを きごうで こたえましょう。

 ㋐   ㋑   ㋒   ㋓

 ㋔   ㋕   ㋖   ㋗

❶ ぼうの かずと ねん土の かずが
　おなじ かたち   (　　　　　　)

❷ ぼうの かずが ねん土の かずより
　3つ おおい かたち   (　　　　　　)

❸ ぼうと ねん土の かずの ちがいが
　いちばん おおい かたち   (　　　　　　)

❷ 下の かたちの 中で, まわすと ㋐と ぴったり かさなるものを
えらんで, きごうで こたえましょう。

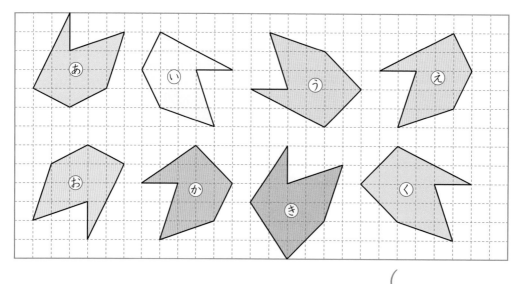

(　　　　　　)

✦✦✦ できたらスゴイ！

❸ あ, い, うの　いろいたを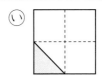
つぎの　かずだけ　つかって,
の　中に　すきまなく
ならべて　いきます。ならべかたの　せんを　かき入れましょう。

❶ あと　4まい　　　　❷ あと　5まい　　　　❸ あと　6まい

  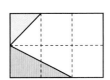

❹ あと　5まい　　　　❺ あと　6まい

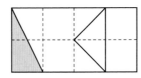

❹ <ruby>左<rt>ひだり</rt></ruby>の　かたちの　ぼうを　うごかして　<ruby>右<rt>みぎ</rt></ruby>の　かたちを　つくりました。左の　うごかした　ぼうに　○を　つけ, うごかした　ぼうの　かずを　かきましょう。うごかす　かずを　いちばん　すくなくして　こたえましょう。

❶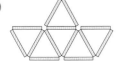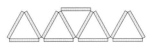

（　　　）本

❷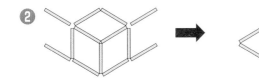

（　　　）本

！ヒント
❸ ❺ あと　うの　いろいたを　つかいます。
❹ かぞえぼうや　つまようじを　つかって, じっさいに　うごかして　みましょう。

思考力育成問題

さいころの かずの しく
みを つかった もんだい
だよ。

答え▶30ページ

❓✏️ さいころの もんだいに ちょうせんしよう!

⭐ せつめいを よんで あとの もんだいに こたえましょう。

さいころには, 下の ように, １から ６までの かずが かかれ
て います。

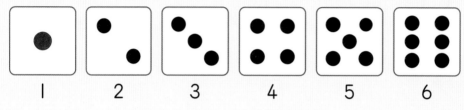

１	２	３	４	５	６

１の むかいがわは ６, ２の むかいがわは ５, ３の むかいが
わは ４と なり, それぞれ ２つの かかれた かずを たすと
あわせて ７に なるように つくられて います。

❶ さいころを だいの 上に おきました。①・②の ように 見えて
いる とき, そこの かず(下に かくれて いる かず)を すう字で
こたえましょう。

① ( ) ② ( )

❷ さいころが 下の ように 見えて いる とき, ㋐に あてはまる
かずを すべて こたえましょう。

( )

❸ かみで できた 2つの さいころを きります。□と □の ように ひろげました。⑦〜⑰の かずを すう字で かきましょう。

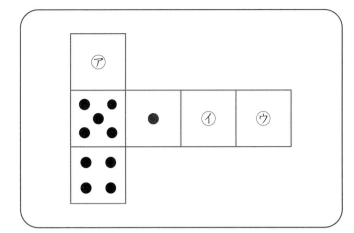

⑦ （　　　　　）

④ （　　　　　）

⑦ （　　　　　）

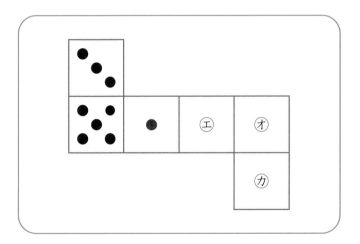

④ （　　　　　）

④ （　　　　　）

④ （　　　　　）

！ヒント

❷ かずが かかれて いる しかくの ぶぶんを 「面」と いいます。
むかいあう 面に かかれた かずが たして 7に なることから, 6と
4の むかいがわが わかります。

❸ さいころを くみたてると どこと どこが むかいあうのか かんがえ
ます。

③ つぎの かずに ついて、もんだいに こたえましょう。

3　18　16　6　19　9　7　11　12

(1) 15より 大きい かずを 大きい じゅんに かきましょう。

(2) 12より 小さい かずを 大きい じゅんに かきましょう。

(3) 9より 大きく 19より 小さい かずを ぜんぶ かきましょう。

④ 子どもが 10人 1れつに ならんでいます。つぎの もんだいに こたえましょう。

(1) まえから 5ばん目の 人は うしろから なんばん目ですか。

(2) まえから 2ばん目の 人と うしろから 4ばん目の 人の あいだには 子どもは なん人 いますか。

(2) 子どもたちが こうえんで あそんでいます。てつぼうを している 子どもより 4人 すくなく、ブランコを している 子どもより 2人 すくなく、すべりだいを している 子どもは 1人 おおいです。ぜんぶで なん人 いますか。

(3) 子どもが 14人 います。1人ずつに ノートを 1さつずつ わたそうとしましたが、ノートが 5さつ たりません。ノートは ぜんぶで なんさつ ありますか。

(4) 30から 70までの かずの 中で、つぎの かずを ぜんぶ かきましょう。
① 一の位が 7の かず
② 十の位と 一の位が おなじ かず
③ 十の位も 一の位も 5より 大きい かず

(5) あめが 53こと チョコが 30こ あります。どちらが なんこ おおいですか。

(6) すずめが 13わ、カラスが すずめより 8わ すくなく でんせんに とまって います。あとから すずめが なんわか とんで きたので、すずめと カラスは あわせて 20わに なりました。すずめは なんわ とんで きましたか。

⑤ つぎの もんだいに こたえましょう。

(1) とけいを よみましょう。

①　②　③

(2)

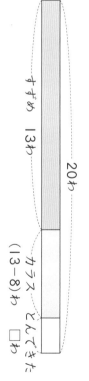

すずめ 13わ　20わ
カラス (13-8)わ　□わ

しあげのテスト(1)

満点 100点

時間 45分

答え▶31ページ

※答えは、解答用紙の 解答欄に かき入れましょう。

1 つぎの もんだいに こたえましょう。

(1) けいさんを しましょう。

① 8−3

② 13+4

③ 16−2

④ 10−6+2

⑤ 8+7

⑥ 13−6

⑦ 15+32

⑧ 87−32

(2) □に あてはまる かずを かきましょう。

① □より 5 小さい かずは、7です。

② 13より □ 大きい かずは、17です。

③ □は 2と 5と 3

④ 5+□=14

⑤
$$7 \rightarrow \boxed{} \rightarrow \boxed{} \rightarrow 13 \rightarrow 10 \rightarrow 7$$

2 つぎの もんだいに 下の えを 見て、きごうで こたえましょう。

(1)

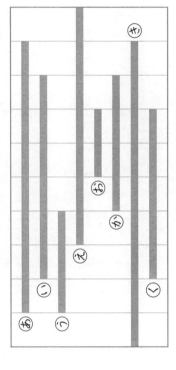

① ⑰と ⑰を あわせた ながさと おなじに なるのは どれですか。

② ⑰と ⑯の ながさの ちがいと おなじに なるのは、どれと どれの ちがいですか。

(2) 赤と 白で 台では どちらが ひろいですか。

①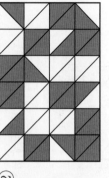

②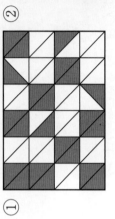

(3) 右の つみ木を うつして できる かたちは どれですか。あ〜えから ぜんぶ えらびましょう。

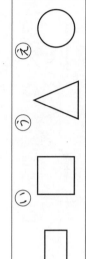

あ □   い □   う △   え ○

しあげのテスト(1) 解答用紙

※解答用紙の 右に ある 採点欄の □は, 丸つけの ときに つかいましょう。

べんきょうした 日 | 　月　日
名まえ |

採点欄

① /26　1つ2点

② /15　1つ3点

③ /9　1つ3点

④ /10　1つ5点

⑤ /40　1つ4点

得点 /100

① (1) ① ② ③ ④ ⑤ ⑥ (2) ⑦ ⑧ ① ② ③ ④ ⑤

7 □ 10 13 □ □

② (1) ① ② (2) ① ② (3)

③ (1) (2) (3)

④ (1) (2)

⑤ (1) ① ② ③ (2) (3) (4) ① ② ③ (5) ( )が ( )こ おおい。 (6)

③ □に あてはまる かずを かきましょう。

〈左〉 9 8 4 5 2 7 3 〈右〉

(1) いちばん 小さい かずは 右から □ん目です。

(2) 4ばん目に 大きい かずは 左から □ん目です。

(3) 3ばん目に 大きい かずと 4ばん目に 小さい かずは 左から □ばん目です。

④ あいさんと おかあさんは、20かい じゃんけんをしました。

あいさんが かった…○　あいこ…△　あいさんが まけた…×

(1) あいさんと おかあさんが かった かいすう、あいこの かいすう、まけた かいすうを ひょうに かきいれましょう。

かいすう	1	2	3	4	5	6	7	8	9	10
けっか	○	△	△	×	×	△	×	×	△	○
かいすう	11	12	13	14	15	16	17	18	19	20
けっか	○	△	△	×	×	○	×	○	△	○

(2) あいさんが かった かいすうと いすうでは、どちらが なんかい おおいですか。

かちまけ	かった	あいこ	まけた
かい			

⑤ ながい はりと みじかい はりを かきましょう。

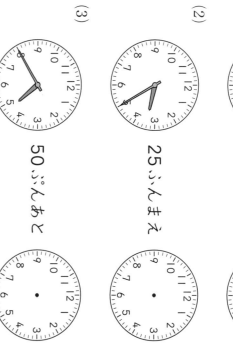

(1) 10ぷんあと

(2) 25ふんまえ

(3) 50ぷんあと

⑥ つぎの もんだいに こたえましょう。

(1) ゆうとさんは えんぴつを 1本 もっています。はるかさんは ゆうとさんより 3本 おおく、しんさんより 1本 すくなく もっています。3人 あわせて なん本 もっていますか。

(2) きのう おりがみを 7まい おりました。きょうは、きのうより 4まい おおく おりました。あわせて なんまい おりましたか。

(3) 子どもが 1れつに ならんでいます。まえから 9ばん目の 子どもの すぐ まえと うしろから 9ばん目です。ならんでいるのは ぜんぶで なん人ですか。

満点 100点
時間 45分
答え▶32ページ

しあげのテスト(2)

※答えは、解答用紙の 解答欄に かき入れましょう。

① つぎの もんだいに こたえましょう。

(1) つぎの けいさんを しましょう。

① 4+5
② 11+6
③ 12-2
④ 4+6-8
⑤ 2+9
⑥ 12-8
⑦ 24+71
⑧ 49-16

(2) □に あてはまる かずを かきましょう。

① 3より □ 大きい かずは、9です。

② 2と □で 7

③ 1が 6こと 10が 3こで □

④ □-9=6

⑤ 84 □ 92 96 □ □

② つぎの もんだいに こたえましょう。

(1) 下の えを 見て、きごうで こたえましょう。

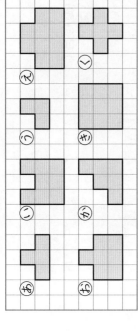

① えと おを あわせた ひろさと おなじに なるのは、どれと どれを あわせた ときですか。

② うと きの ひろさの ちがいと おなじに なるのは、どれと どれの ちがいですか。

(2) 下の ずを 見て、きごうで こたえましょう。

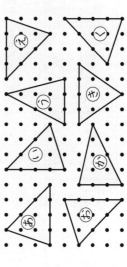

① まわすと あと ぴったり かさなるのは どれですか。ぜんぶ かきましょう。

② ①の ほかに まわすと ぴったり かさなるのは、どれと どれですか。

しあげのテスト(2) 解答用紙

※解答用紙の 右に ある 採点欄の ☐ は、丸つけの ときに つかいましょう。

べんきょうした 日 | 月 | 日

名まえ |

① /39 点　1つ3点

② /12 点　1つ3点

③ /12 点　1つ4点

④ /10 点　1つ5点

⑤ /12 点　1つ4点

⑥ /15 点　1つ5点

得点 /100

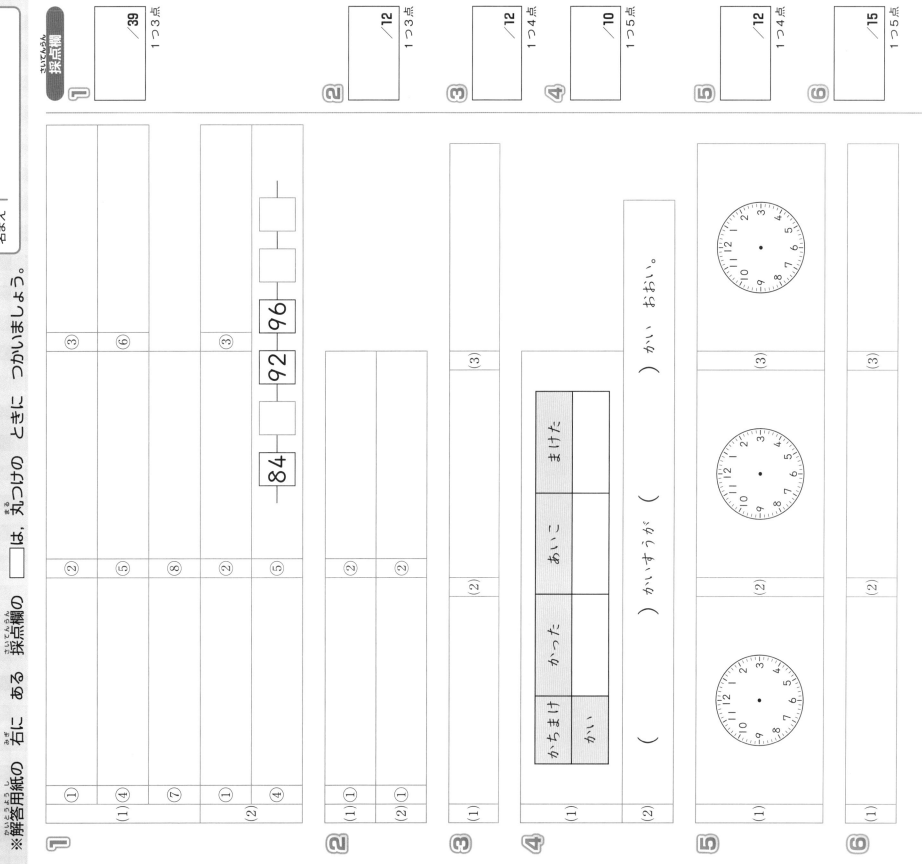

かちまけ	かった	あいこ	まけた
かい			

( ) かいすうが ( ) かい おおい。

トクとトクイになる！

小学ハイレベルワーク

算数 1 年

答えと考え方

「答えと考え方」は，
とりはずすことが
できます。

「WEBでもっと解説」
はこちらです。

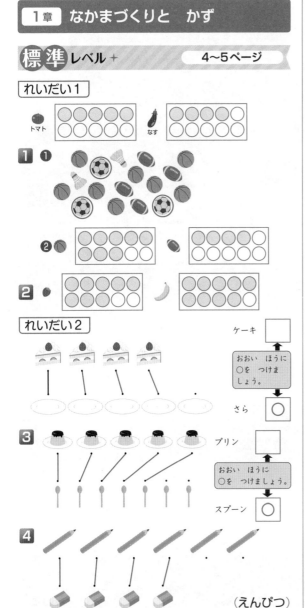

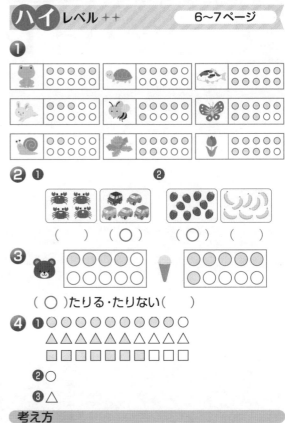

学習です。数字で表す前に，数を把握する練習となります。数え漏れや重なりのないように，印をつけながら色を塗りましょう。

③ プリンとスプーンを１対１対応させながら，数におきかえて考えることを身につけさせます。プリンとスプーンを線でつないでいき，余ったスプーンの方が多いことを確認させましょう。

④ ③と同じく，１対１対応による数の比較です。

考え方（標準レベル）

① ❶ サッカーボールは３つあります。

❷ まず，同じ種類のものを見つけます。次に，具体物と同じ数だけ○を塗っていきます。細かいところに色を塗るという作業は，１年生にとっては難しいものです。細かい作業で集中力を高めることもねらいの一つです。また，１年生のうちは筆圧があまりないので，こうした問題を通して筆圧を高めることもねらっています。

② 具体物を○に置き換えて，単純化～抽象化する

考え方（ハイレベル）

① 比較（仲間分け）の学習です。同じ種類のものを見つけて，具体物と同じ数だけ○に色を塗ります。動きのある絵を提示しています。大きさや動き，向きなどが違っていても同じ仲間とみることを確認します。実際に，絵を指でさし示しながら，数えていくとよいでしょう。

② 具体物の数を数えて大小を判断する問題です。

❶「かには４匹，車は５台だから，車の方が多い」と，言葉で説明させると理解が進みます。

❷ イチゴは１０個，バナナは８本あります。数え漏れや重なりがないように，印をつけなが

ら数えていきます。

❸ 熊が4匹いて, アイスクリームは6つあります。アイスクリームを1つずつ4匹に配っても2つ余ります。具体物を○に置き換えて, ○の数で比較します。

❹ ❶ 数え漏れや重なりを防ぐために, 絵の中の数えた○や△, □を斜線やチェック印(✓)で消していく習慣を身につけましょう。

　　❷❸ ○は9個, △は6個, □は7個です。

標準 レベル＋　　　8〜9ページ

れいだい1

| 2 | 5 | 4 | 3 | 1 |

1 ❶5こ
　❷3こ

2 ❶3つ
　❷2つ
　❸4つ

れいだい2

（○）（　）　　　　（　）（○）

3 ❶　　　　　　❷

（○）（　）　　　　（　）（○）

4 ❶ 3-4　❷ 5-4　❸ 3-1
　（　）（○）　（○）（　）　（○）（　）

5 ❶ 1 2 3　❷ 2 3 4

考え方

1 具体物の数を, 数字で書き表す練習です。何の絵か注目させて, 興味を持たせながら楽しく数を数えましょう。

---

❷ ○がはじめにいくつあって, 1つ増えるといくつになるかを順序立てて考えましょう。
　❶ ●●○　　❷ ●○　　❸ ●●●○

❸ 左右の数を比較する問題です。具体物で比べたり, ●の数で比べたりします。数に置き換えて考える前段階です。

❹ 数の大小を, 数字だけで認識させる問題です。数の順番, 大小をここで理解させます。

❺ 数の並び方を認識させる問題です。❶は, 「1と3の間の数は2」のように考えます。

ハイ レベル＋＋　　　10〜11ページ

❶ ❶2つ
　❷1つ
　❸3つ

❷ ❶2　　　　　　❷5
　❸2　　　　　　❹4

❸ ❶　　　❷　　　❸

❹ 例
　❶5は 2 と 3　❷5は 1 と 4

❺ ❶ 1 → 4 → 5　❷ 2 → 3 → 5

❻ ❶ 3 → 2 → 1　❷ 5 → 4 → 3

❼ ❶2こ
　❷2こ

❽ ❶2まい
　❷4まい

考え方

❶ ○が1つ減るといくつになるか考えます。下のように, ○に斜線を引いて考えてもいいでしょう。
　❶ ●●●○　　❷ ●●○○　　❸ ●●●○○

❷ 1から5までの数の順番, 大小をここで理解させます。つまずきがある場合は, ここできちんとおさえましょう。
　❶ 1より1大きい数は2です。
　❷ 4より1大きい数は5です。
　❸ 3より1小さい数は2です。
　❹ 「ご」より1小さい数は4です。

3

❸ ❶ 3は2と1に分けられます。
❷ 5は3と2に分けられることをおさえます。理解しにくいときは、実際に具体物を動かして考えましょう。

❹ 5は、1と4、2と3、3と2、4と1に分けることができます。

❺ 数の並び方を考える問題です。小さい順は、小さい数から大きい数に向かって並べます。

❻ 大きい順は、大きい数から小さい数に向かって並べることを確認しましょう。

❼

〇で囲んだところに着目します。❶2個から4個になっているから、2個増えています。❷3個から5個になっているから、2個増えています。

❽ いくつ増えたかを考えることはできても、いくつ減ったかを理解しにくいお子さんがいます。クッキーを下のように〇で表したり、具体物を使って考えたりするとよいでしょう。

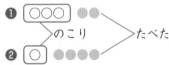

標準レベル＋   12〜13ページ

れいだい1

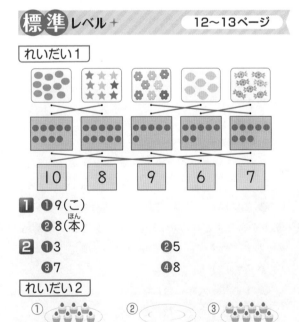

❶ ❶9(こ)
　❷8(本)
❷ ❶3　　　　　　　❷5
　❸7　　　　　　　❹8
れいだい2
① （ 7 ）こ　② （ 0 ）こ　③ （ 8 ）こ

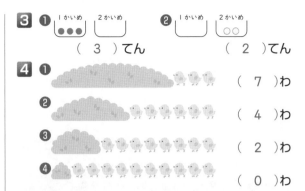

❸ ❶ （ 3 ）てん　　（ 2 ）てん
❹ ❶ （ 7 ）わ
　❷ （ 4 ）わ
　❸ （ 2 ）わ
　❹ （ 0 ）わ

考え方

❶ 具体物の数を、数字で書き表す練習です。何の絵か興味を持たせながら楽しく数えましょう。
　❶ 皿の上にクッキーが9個のっています。
　❷ 鉛筆が8本あります。

❷ ❶ ●がはじめに5つあります。5から3増えると8になります。
　❷ 2を7にするには、あといくつ増やせばいいか考えます。
　❸ 3から7増えると10になります。
　❹ 1から8増えると9になります。

❸ ❶ は1回目が3点、2回目は1つも入らなかったので0点、あわせて3点です。1つも入らないことを「0」と表すことをおさえます。1年生にとって、0は理解が難しいものの1つと言われています。「空っぽ」「何もない」＝0と、理解を深めます。ご家庭でも具体物を使って、0の理解を確実にさせておくとよいでしょう。
　たとえば、鉛筆を5本用意し「1本取ったら、4本残る」「4本から1本取ったら3本」…「1本から1本取ったら0本」のように、声に出して説明させると理解の定着を図ることができます。

❹ 草に隠れているひよこの数を答えます。
　❶ 見えているひよこが3羽だから、隠れているのは7羽とわかります。
　❷は、6羽見えているので、隠れているのは4羽、❸は、8羽見えているので、隠れているのは2羽、❹は、10羽見えているので、隠れているのは0羽だとわかります。

① 2　4　10　0　7　3　6　9
　（10　9　7　6　4　3　2　0）

② ❶8　○○○○○○○○□□
　❷7　○○○○○○○⊗□□
　❸10　○○○○○○○○○○
　❹0　⊗⊗⊗□□□□□□□
　❺6　○○○○○○□□□□

③ ❶2（こ）　　❷5（こ）　　❸4（こずつ）

④ ❶あやか（さん）　❷ゆうた（さん）　❸2（こ）

⑤ （きいろい）はこから（赤い）はこへ（1）こ入れて、
　（きいろい）はこから（青い）はこへ（3）こ入れる。

考え方

① 数を大きい方から並べます。いちばん大きい数は10、いちばん小さい数は0になります。

② ❶ 8にするには、○をあと2つつけたします。
　❹ 0にするには、3つとも×でけします。

③ 実際に、紙に具体物を○で書き表して、目で確かめることができます。
　❶ 10個にするには、8個に2個をつけたします。
　○○○○○○○○→○○○○○○○○｜○○
　❷ 3個にするには、8個から5個を取り除きます。
　○○○○○○○○→○○○｜○○○○○
　❸ 8個を2人で同じ数ずつ分けると、4個ずつになります。3年生のわり算につながる考え方です。
　○○○○○○○○→○○○○｜○○○○

④ 具体物を○で表してみると、わかりやすいです。

	のこり			たべた				
てつや	○ ○ ○	｜	●	●	●	●	●	
あやか	○ ○ ○ ○ ○	｜	●	●	●	●		
ゆうた	○ ○	｜	●	●	●	●	●	●
ゆきな	○ ○ ○ ○	｜	●	●	●	●		
だいき	○ ○ ○ ○ ○ ○	｜	●	●				

　❸ 2番目に多く食べた人はてつやさんで、食べたのは5個。2番目に多く残した人はあやか

さんで、食べたのは3個。ちがいは2個です。

⑤ ヒントの図をもとに考えてみましょう。
　赤 → ○ ○ ○ ○ ○ ○
　青 → ○ ○ ○ ○
　黄 → ○ ○ ○ ○ ○ ● ● ● ●

「青い箱から赤い箱へ1個入れて、黄色い箱から青い箱へ4個入れる」「赤い箱から青い箱に3個入れて、黄色い箱から赤い箱へ4個入れる」と答えても正解です。

アドバイス

学習のねらい　　　　　　p.4-15

　集合の要素の個数（集合数）について、その数え方や1対1対応による比較のしかたを理解させます。この単元では、1つの集合に対して、その集合の観点や条件を的確に認識できるようにしておくことが大切です。また、10までの数について、その数え方や数の構成、大小、系列などを理解させます。ここでは、数字に対して、その数のイメージを持たせるようにすることが大切です。上の学年で学習する「大きな数」の最も基礎となる単元ですので、十分に理解させましょう。

〈数えることの意味〉

　集合の要素の個数を数える場合、以下の点に留意してください。

①要素（カエルやうさぎなど）と数詞（0、1、2、3、…）との1対1の対応づけが確実にできるようにする。

②最後に対応した数詞が、その集合の要素の数を表すことを把握できるようにする。

〈数の数え方と助数詞〉

　まずは、「いち、に、さん、し、ご、ろく、しち、はち、く、じゅう」のように、漢数字の唱え方を基本としましょう。また、4、7は「し」「しち」と発音が似ているため、混乱を避ける意味で「よん」「なな」と唱えることが多く、9は「きゅう」と唱えることも多いです。必要に応じて取り上げてください。

標準 レベル ＋

れいだい1

①
② かおり(さん)

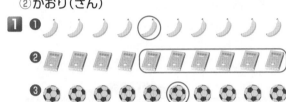

れいだい2
① りんご
② みかん
③ 6(つ)

② ❶はくさい
　❷トマト

考え方

1 この問題では，「5本」と「5本目」，「6冊」と「6冊目」といった違い(集合数と順序数)に，確実に答えられるようにしましょう。

　❶ 5本目のバナナ1つだけを○で囲みます。

　❷ 右から6冊全部を○で囲みます。

　❸ 左から5個目と右から4個目との間のボールは，左から6個目(右から5個目)のボールになります。同じ場所を表すにも，基準を変えることで言い方が変わることに気づかせます。

　❹ 前から8匹目の犬のすぐ後ろの犬は，前から9匹目の犬になります。自分の言葉で言い換えさせてみると理解が深まります。

2 この問題は，数える基準が「上から」と「下から」，「右から」と「左から」なので，まずその基準を明確にさせます。指で絵をさし示しながら，正確に答えさせましょう。
「じゃがいもはどこにある?」「ピーマンは上から何番目で左から何番目?」などと，お子さんとクイズのように問題を出し合ってみるといいでしょう。

ハイ レベル ＋＋

① ❶6　　　　　　❷8
　 ❸3　　　　　　❹5

② ❶15　　　❷8　　　❸7

③ ❶9　　　　　　❷8
　 ❸6　　　　　　❹2

④ 5

考え方

1 問題文をよく読んで，子どもの名前を絵にかき込むと，わかりやすくなります。

　❶ じゅんやさんは前から4人目なので，後ろには6人います。

　❹ けんたさんは，わかなさんのすぐ後ろにいるので，後ろから2番目になります。

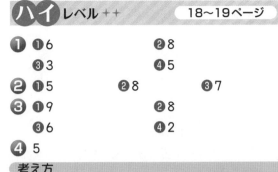

2 **ポイント** この問題は，数字がばらばらに並んでいるので，問題に答えやすくするためにも，カードの数を小さい順，あるいは，大きい順に書き出してみましょう。

　❸ 2番目に大きい数は8，4番目に小さい数は4です。

③ ❷

　❸

❹ いちばん左の白い旗の右に，旗は9本あります。いちばん右の青い旗は右から3番目であり，その青い旗の左にある旗は7本です。9本と7本の違いは2本です。

④ 問題を図に表して考えます。

6

2章 たしざん ひきざん①

標準 レベル+ 　　　　　　　　　20〜21ページ

れいだい1

2と 3を あわせると $\boxed{5}$

2＋ $\boxed{3}$ ＝ $\boxed{5}$ 　　　　こたえ $\boxed{5}$ こ

1　❶4＋5＝9　　　　❷7＋3＝10
　　❸3＋5＝8　　　　❹2＋7＝9

2　❶6　　　　　　　❷9
　　❸10　　　　　　❹9

れいだい2

5から 2 ふえると $\boxed{7}$

5＋ $\boxed{2}$ ＝ $\boxed{7}$ 　　　　こたえ $\boxed{7}$ 本

3　❶4＋3＝7　　　　❷5＋0＝5
　　❸0＋6＝6　　　　❹7＋2＝9
　　❺1＋9＝10　　　❻0＋0＝0

4　しき 4＋2＝6　　　　こたえ 6ぴき

5　しき 5＋3＝8　　　　こたえ 8人

考え方

1　「あわせて」(他にも「ぜんぶで」「みんなで」など)は，合併(2つの数を合わせる)を表すことをおさえさせましょう。

2　たし算が正確にできるように，練習しましょう。数が大きくて計算が難しいようであれば，○などを使って理解させましょう。
　　❷ ○○○○○○ と ○○○ ⇨ ○○○○○○○○○
　　　　　6　　　＋　　3　＝　　　　9
　　❸ ○○○○○○○○ と ○○ ⇨ ○○○○○○○○○○
　　　　　8　　　　＋　2　＝　　　　10
　　❹ ○○○○○ と ○○○○ ＝ ○○○○○○○○○
　　　　5　　　＋　4　＝　　　9

3　❷❸❻は0のたし算です。0をたしても，0にたしても，もとの数のままであることを理解させます。

4　白いやぎが4匹，黒いやぎが2匹いるので，全部でやぎは6匹になります。問題を読んだら，まず場面を考えるように習慣づけます。

5　はじめに子どもが5人いて，あとから3人来た

ことをおさえてから立式させましょう。

ハイ レベル++ 　　　　　　　　22〜23ページ

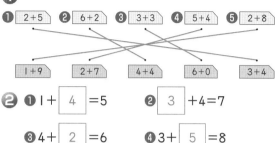

2　❶1＋ $\boxed{4}$ ＝5　　　❷ $\boxed{3}$ ＋4＝7
　　❸4＋ $\boxed{2}$ ＝6　　　❹3＋ $\boxed{5}$ ＝8
　　❺ $\boxed{3}$ ＋7＝10　　❻ $\boxed{4}$ ＋5＝9

3　しき 3＋2＝5 （はじめに いた）
　　　　2＋2＝4 （あとから きた）
　　　　5＋4＝9

　　　　　　　　　　　　こたえ 9ひき

4　(れい) 白い 花が 4本，赤い 花が 6本あります。花は あわせて なん本 ありますか。

5

●の かず	1	3	4	1	3	2
●の かず	3	5	2	8	2	5
○の かず	2	1	2	1	4	3
●＋●＋○	❶6	❷9	❸8	❹10	❺9	❻10

6　しき 3＋2＝5 （かえった たまご）
　　　　5＋5＝10

　　　　　　　　　　　　こたえ 10こ

7　しき 2＋1＝3 （りす）
　　　　3＋1＝4 （さる）
　　　　2＋3＝5
　　　　5＋4＝9　　　　こたえ 9ひき

考え方

2　このたし算では，□(「たす数」か「たされる数」)を求めさせます。
　　❶では，「1にいくつたすと5になるか」，❷では，「いくつに4をたすと7になるか」を考えさせます。

3　とんぼとちょうは，はじめに，3＋2＝5(匹)いて，あとから2＋2＝4(匹)とんできたので，合わ

せて5+4=9(匹)になります。

④ 絵を見て，お話（問題）をつくることで，問題場面をイメージする習慣が身につきます。

⑤ ここでは，表を使って，たし算の練習をしましょう。

⑥ 図に表して考えます。

○○○　○○｜○○○○○
きのう　きょう　　のこり

昨日と今日でかえったたまごの数が5個，残り（まだかえっていないたまご）が5個あります。

⑦ りすの数は，うさぎの数から求めます。
「うさぎは，りすより1匹少ない。」ということは，「りすは，うさぎより1匹多い。」ということです。

うさぎ　○○｜1ぴきおおい　2
りす　　○○○｜1ぴきおおい　2+1=3
さる　　○○○○｜　　　　　3+1=4

合わせると，2+3=5, 5+4=9(匹)になります。

アドバイス

学習のねらい　　　　　　　p.20−23

　合併や増加などの場面について，たし算の意味と計算のしかたを理解させます。「あわせて」「ふえると」「ぜんぶで」などのキーワードに注意して，立式させるようにしましょう。また，設問が複雑な場合は，簡単な図や絵にして考えると数の関係がとらえやすくなります。

〈文章題の解き方〉

　文章題を解くには，まず文章題を読み，その場面をとらえ，立式して，答えを求めるという一連の作業が必要となります。その中で，とりわけ重要なことは，問題場面を正確に読み取ることができるかどうかです。したがって，問題場面の数の関係を図に表してみて理解することが大切になります。文章題では，まず図をかいて，それから立式，答えと進める習慣をつけさせましょう。

標準レベル＋　　　　24〜25ページ

れいだい1

7から 3 へると　| 4 |

7− | 3 | = | 4 |　　　こたえ | 4 | こ

1　❶8−3=5　　　❷9−4=5

2　❶4　　❷1　　❸8　　❹2
　　❺0　　❻4　　❼6　　❽0

れいだい2

10− | 7 | = | 3 |　　　こたえ | 3 | こ

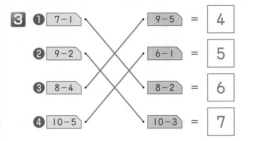

4　しき 9−4=5　　　こたえ　5まい

5　しき 8−3=5
　こたえ　（青）い　ボールが　(5)こ　おおい。

考え方

1　残りがいくつかを求める（求残）ときは，ひき算をすることを理解させます。

2　ひき算が正確にできるように，練習しましょう。数が大きくて計算が難しいようであれば，○などを使って理解させましょう。

❹ ○○○○○○○ から ○○○○○ をとる⇨ ○○
　　　　7　　　−　　　5　　　=　　2

❼ ○○○○○○○○○○ − ○○○○ = ○○○○○○
　　　　　10　　　　−　　4　　=　　　6

❸と❽は0のひき算です。1年生には0のひき算の意味を理解できないお子さんも多く見られます。★−★=0, ★−0=★を，しっかりと理解させましょう。

4　○○○○○○○○○ − ○○○○ = ○○○○○
　　　　9　　　−　　4　　=　　5

5　2つの数量のちがいを求めるとき（求差）も，ひき算をすることを理解させます。

○○○○○○○○ − ○○○ = ○○○○○
　　8　　　−　　3　　=　　5

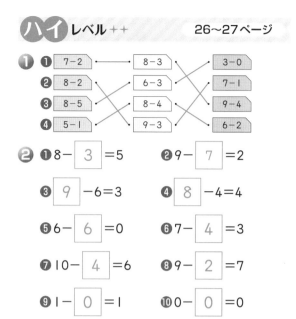

❶ ❶ 7−2 — 8−3 ⎯ 3−0
❷ 8−2 — 6−3 ⎯ 7−1
❸ 8−5 — 8−4 ⎯ 9−4
❹ 5−1 — 9−3 ⎯ 6−2

❷ ❶ 8− 3 =5　　❷ 9− 7 =2

❸ 9 −6=3　　❹ 8 −4=4

❺ 6− 6 =0　　❻ 7− 4 =3

❼ 10− 4 =6　　❽ 9− 2 =7

❾ 1− 0 =1　　❿ 0− 0 =0

❸ (れい) ボールが 9こ あります。3こ つ
　 かうと なんこ のこりますか。

❹ しき 4−1=3(はじめに あった プリン)
　　　 8−3=5

こたえ 5こ

❺ ❶うら
　 ❷おもて
　 ❸うら

考え方

❷ このひき算では，□(「ひく数」か「ひかれる数」)
にあてはまる数を求めさせます。
　❶では「8からいくつひくと5になるか」，❸では
「いくつから6をひくと3になるか」を考えさせま
す。
　ひき算は，たし算に比べてつまずきが多く見られ
ます。「ひかれる数」と「ひく数」の関係をしっか
り理解させましょう。

❸ 絵を見て，自由にお話(問題)をつくらせてみま
しょう。9−3の場面であれば，残りを求める問題
でも，差を求める問題でも構いません。お話を想
像することで，問題場面を深く理解する力が身に
つきます。

❹ この問題では，8個のうち，ケーキとプリンがそ
れぞれ何個あるかは書かれていませんが，プリン
を1個買って4個になったことから，はじめに
あったプリンは，4−1=3(個)だったことがわか

ります。そして，8個から3個をひけば，ケーキ
の個数がわかります。

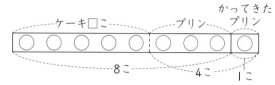

全部で8+1=9(個)，ここからプリンの4個をひ
いて9−4=5(個)と考えることもできます。

❺ **ポイント** 表に記入されている部分の点数と合
　計点から，空欄の部分の点数を求めます。表
　は算数でよく使われますので，ここで見方を
　理解するとよいでしょう。

まず表にわかっている点数を書き込みましょう。

	1かい目	2かい目	3かい目	4かい目	合計
りょう	2	1		1	5
あや	1	2			7
ゆい	2		2		

❶ りょうさんの点数の合計は5点なので，3回
目は，5−2=3，3−1=2，2−1=1(点)で，
裏になります。

❷ あやさんの点数の合計は7点なので，3回目
と4回目の点数の合計は，7−1=6，6−2
=4(点)です。残り2回で4点をとるので，3
回目と4回目に2点(どちらも表)ずつとった
ことがわかります。

❸ りょうさんは5点，あやさんは7点なので，
ゆいさんはその間の6点であることがわかり
ます。2回目と4回目の点数の合計は，6−2
=4，4−2=2(点)です。残り2回で2点をと
るので，2回目と4回目に1点(どちらも裏)
ずつとったことがわかります。

アドバイス

学習のねらい　　p.24−27
　求残や求差などの場面について，ひき算の意
味と計算のしかたを理解させます。「のこりは」
「ちがいは」「どちらがおおい」などのキーワー
ドに注意して立式させるようにしましょう。た
し算と同様に，設問が複雑な場合は，まず図や
絵に表して考えさせるようにしてください。

3章 10より 大きい かず

標準レベル+ 　　28〜29ページ

れいだい1　18(本)

1　❶17(ひき)　　　❷16(さつ)

2　❶8　　　　　　❷10
　　❸10　　　　　❹17
　　❺6　　　　　　❻9
　　❼4

れいだい2
　①12　　　　　　②16

3　❶ |13|14|15|16|17|18|19|20|
　　❷ |18|17|16|15|14|13|12|11|
　　❸ |6|8|10|12|14|16|18|20|

4　❶16　　　　　　❷12
　　❸20　　　　　❹14

考え方

1　具体物の数を数えて，その数を数字で表します。10以上の数は，けた数を増やして表すことを理解させてください。
　❶は10匹を○で囲んで数えましょう。❷は「10といくつ」と考えます。10冊のノートが1つとばらのノートが6冊あるので，合わせて16冊になります。

2　20までの数の構成を理解させます。20までの数について，「10といくつ」で「じゅういくつ」になる，また，「じゅういくつ」は「10といくつ」になる，ととらえさせましょう。
　❶は10のまとまりのブロックが1つと「8」，❷は「10」と「2」，❸は10のまとまりが2つなので，「10」と「10」でできていることを理解させます。❹〜❼は数字だけで表していますが，イメージがわからない場合はブロックの図で考えさせましょう。

3　数の並び方のきまりを見つけて，□にあてはまる数を入れましょう。
　❶は1ずつ増えています。❷は1ずつ減っています。❸は2ずつ増えています。

4　10から20までの数の並びを考えましょう。

❶ 0 1 2 3 4 5 6 7 8 9 10 11 12 13 14 15 16 17 18 19 20
　　　　　　　5 大きい

❷ 0 1 2 3 4 5 6 7 8 9 10 11 12 13 14 15 16 17 18 19 20
　　　　　　　4 小さい

❸ 0 1 2 3 4 5 6 7 8 9 10 11 12 13 14 15 16 17 18 19 20
　　　　　　　　　　3 大きい

❹ 0 1 2 3 4 5 6 7 8 9 10 11 12 13 14 15 16 17 18 19 20
　　　　　　　　6 小さい

ハイレベル++ 　　30〜31ページ

1　❶(12, 13, 16, 17, 19)
　　❷(11, 14, 16, 18, 19, 20)

2　❶5　　❷8　　❸11　　❹16

3　❶20, 19, 18, 17
　　❷13, 12, 11, 10, 9, 8, 7
　　❸15, 17, 18

4　❶5　　❷6　　❸4

5　❶ |19|17|15|13|11|9|7|
　　❷ |0|4|8|12|16|20|24|

6
10より 大きくて 16より 小さい かずの あつまり	12　16　14 15　13
18より 小さくて 12より 大きい かずの あつまり	14　13　10 11　12
9より 大きくて 15より 小さい かずの あつまり	13　15　12 14　11
17より 小さくて 11より 大きい かずの あつまり	15　14　16 13　17

考え方

2　まず，絵に描かれている数を数えてから，あといくつで20になるかを考えます。
　❶ 鉛筆は15本あるので，あと5本で20本になります。
　❷ おたまじゃくしは12匹いるので，あと8匹で20匹になります。
　❸ ボールは9個あります。20個にするには，あと11個必要です。
　❹ ケーキは4個あります。20個にするには，あと16個必要です。
　言葉にして説明させてみると理解が進みます。

③ 数字が，不規則に書かれています。また20まで
のうち，書かれていない数もあります。その中か
ら，条件に合う数を探します。

❶ は「16より大きい数を大きい順に」ですから，
20から書き始めます。

❷ は「14より小さい数を大きい順に」ですから，
13から書き始めます。

❸ 「14より大きく19より小さい数」は15，16，
17，18ですが，問題には16は書かれていない
ので，16は答えないことに気をつけます。

❹ 理解が確かでない場合は，数直線で確認してお
きましょう。

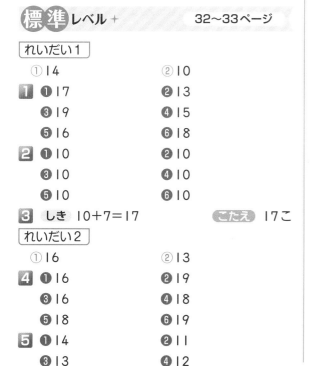

❺ ❶は2ずつ減っています。❷は4ずつ増えてい
ます。

❻ 「10より大きい数」に10は入りません。「18
より小さい数」に18は入りません。

標準 レベル＋   32〜33ページ

れいだい1
①14   ②10
❶ ❶17   ❷13
  ❸19   ❹15
  ❺16   ❻18
❷ ❶10   ❷10
  ❸10   ❹10
  ❺10   ❻10
❸ しき 10＋7＝17   こたえ 17こ

れいだい2
①16   ②13
❹ ❶16   ❷19
  ❸16   ❹18
  ❺18   ❻19
❺ ❶14   ❷11
  ❸13   ❹12

---

❺15   ❻11
❻ しき 18−6＝12   こたえ 12本

考え方
❶ 10といくつで考えます。10のまとまりにばら
をたしていくことを理解させましょう。

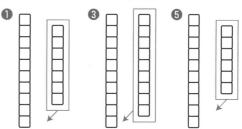

❷ 10といくつで考えます。ばらを取りさって10
のまとまりが残ることを理解させましょう。

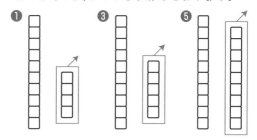

❸ 昨日までに折った10個に今日折った7個をた
します。

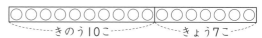

❹❺ 10はそのままにして考えます。

❻

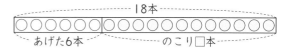

ハイ レベル＋＋   34〜35ページ

❶ ❶14   ❷10
  ❸13   ❹19
  ❺18   ❻13
❷ ❶6   ❷14
  ❸3   ❹19
  ❺7   ❻16
  ❼3   ❽14
  ❾9   ❿20
❸ ❶10(ぴき)   ❷8(ひき)
❹ しき 10＋7＝17   こたえ 17こ

⑤ **しき** 18−4=14　　**こたえ** 14本

⑥ **しき** 10−2=8（きょう）
　　　　10+8=18
　　　　　　　　　　　こたえ 18本

⑦ **しき** 10−4=6（ガム）
　　　　10+6=16
　　　　　　　　　　　こたえ 16こ

考え方

① 10といくつで考えます。

② ❶ 12にいくつをたすと18になるかを考えます。12+□=18　→　□=18−12

❷ いくつに3をたすと17になるかを考えます。□+3=17　→　□=17−3

❸ 18からいくつひくと15になるかを考えます。18−□=15　→　□=18−15

❹ いくつかから6をひくと13になることから考えます。□−6=13　→　□=13+6

❺ 13にいくつをたすと20になるかを考えます。13+□=20　→　□=20−13

❻ いくつかから4をひくと12になることから考えます。□−4=12　→　□=12+4

❼ 15にいくつをたすと18になるかを考えます。15+□=18　→　□=18−15

❽ いくつに6をたすと20になるかを考えます。□+6=20　→　□=20−6

❾ 19からいくつひくと10になるかを考えます。19−□=10　→　□=19−10

❿ いくつかから9をひくと11になることから考えます。□−9=11　→　□=11+9

③ ❶ 見えているめだかは10匹なので、隠れているめだかは（20−10）匹です。

❷ 見えているめだかは12匹なので、隠れているめだかは（20−12）匹です。

④
────あわせて□こ────
○○○○○○○○○○｜○○○○○○○
─パック10こ─　─ばら7こ─

⑤
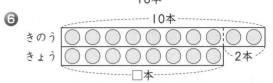

⑥
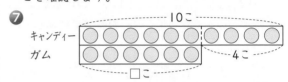

「きのうときょうで、ひまわりは何本さきましたか。」と問われているので、たし算で式をつくることを確認します。

⑦
キャンディー
ガム
────10こ──── ─4こ─
□こ

アドバイス

学習のねらい　　　　　　p.28−35

　20までの数について、その数え方や数の構成、大小、系列などを理解させます。数をただ数えるだけでなく、「10と（端数が）いくつ」のように、「10のまとまりと1位数」ととらえさせて、数の構成に目を向けさせましょう。10から20までの数では、「10といくつ」という見方を定着させ、さらに、20より大きい数について「10をひとまとまりと見る」というとらえ方に発展させていくことが大切です。また、繰り上がりや繰り下がりのない「10いくつ+いくつ」、「10いくつ−いくつ」の計算もさせます。

〈数の数え方〉

　まず、「じゅういち、じゅうに、…、じゅうく、にじゅう」という20までの数詞を確実に言えるようにしましょう。そして、20までのものの数を数えるときには、落ちや重なりがないように数える工夫が必要です。そのためには、ひとつずつ印を付けながら数える方法、おはじきなどを置いて数を数える方法、2つずつ○で囲む方法、10のまとまりを○で囲む方法などを使いましょう。

 **4章 3つの かずの けいさん**

標準 レベル＋　　　36〜37ページ

れいだい1

2＋ 8 ＋3＝ 13　　　　こたえ 13 本

1 しき 6 － 2 － 1 ＝ 3

こたえ 3わ

2 ❶16　　❷15　　❸1　　❹3

れいだい2

6－ 4 ＋2＝ 4　　　　こたえ 4 ひき

3 しき 6 ＋ 4 － 5 ＝ 5

こたえ 5こ

4 ❶8　　❷8　　❸5　　❹6
　　❺10　　❻1

考え方

2 ❶ 8＋2＋6＝□
　　　10＋6＝16
❷ 4＋6＋5＝□
　　10＋5＝15
❸ 9－5－3＝□
　　4－3＝1
❹ 14－4－7＝□
　　10－7＝3

3 6＋4－5＝□
　　10－5＝5

4 ❶ 10－7＋5＝□
　　　3＋5＝8
❷ 10－8＋6＝□
　　2＋6＝8
❸ 8＋2－5＝□
　　10－5＝5
❹ 3＋7－4＝□
　　10－4＝6
❺ 2＋2＋3＋3＝□
　　4＋3
　　7＋3＝10
❻ 10－3－3－3＝□
　　7－3
　　4－3＝1

ハイ レベル＋＋　　38〜39ページ

❶ ❶ 1 — 2 — 3
❷ 3 — 6 — 2
❸ 2 — 5 — 4
❹ 2 — 4 — 2
❺ 4 — 3 — 7

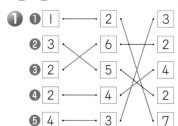

❷ ❶ 8 — 6 — 2／4／2 — 1／1
❷ 10 — 5 — 4／1／5 — 2／3

❸ ❶10　　❷6　　❸3　　❹10

❹ しき 2＋1＝3（のぞみさん）
　　3＋2＝5（ちひろさん）
　　2＋3＋5＝10　　　こたえ 10こ

❺ しき 6－2＝4（きいろい ぼうし）
　　6＋3＝9（青い ぼうし）
　　6＋4＋9＝19　　　こたえ 19人

❻ しき 9＋1＋9＝19　　　こたえ 19人

考え方

❶ 3つの数の組み合わせで10をつくること（10の合成）を考えさせます。まずは，すでに線が結ばれている数から考えていきましょう。

❷ 8，10の数を分解していく練習です。

❸ 3つの数の合成と分解が混ざっています。「〜と〜で〜」「〜は〜と〜」といった表現に注意して正確に答えられるようにしましょう。

❹ ちひろさんのけしゴムの数は，のぞみさんのけしゴムの数から求めます。
「のぞみさんは，ちひろさんより2個少なくもっている。」ということは，「ちひろさんは，のぞみさんより2個多くもっている。」ということです。

とおるさん 〇〇｜1におおい　　2
のぞみさん 〇〇｜〇 2こおおい 2＋1＝3
ちひろさん 〇〇〇｜〇〇　　 3＋2＝5

合わせると，2＋3＋5＝10（個）になります。

❺ 図に表して考えます。

赤い ぼうし 〇〇〇〇〇〇｜〇〇
きいろい ぼうし 〇〇〇〇｜2人｜3人
青い ぼうし 〇〇〇〇〇〇〇〇〇〇

❻ 〇〇〇〇〇〇〇〇●〇〇〇〇〇〇〇〇〇
　　　　　　　　ゆきな

ゆきなさんの前と後ろに9人ずついることを図に表して確認しておきましょう。

標準レベル+ 40〜41ページ

れいだい1

9に [1] を たして 10

10と [3] で [13]

1 ❶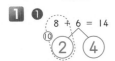
8 + 6 = 14
(2) (4)

8に ②を たして 10
10と ④で ⑭

❷
7 + 7 = 14
(3) (4)

7に ③を たして 10
10と ④で ⑭

2 ❶ 13　　❷ 12
　　❸ 11　　❹ 16
　　❺ 14　　❻ 13

れいだい2

8と [2] を たして 10

10と [1] で [11]

3 ❶
4 + 8 = [12]
(2) (2)

❷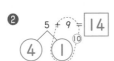
5 + 9 = [14]
(4) (1)

4 ❶ 12　　❷ 12
　　❸ 13　　❹ 14
　　❺ 11　　❻ 11
　　❼ 12　　❽ 13

5 しき　9+6=15

こたえ 15こ

考え方

2 ❶ 8+5=13　　8+5=13
　　　 2 3　　　　 3 5

1けたどうしでくり上がりのあるたし算には，たす数を分解して計算する方法（加数分解）とたされる数を分解する方法（被加数分解）があります（上の式の左が加数分解，右が被加数分解です）。**1**は加数分解で，**3**は被加数分解で計算する問題です。

❷ 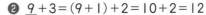 9+3=(9+1)+2=10+2=12

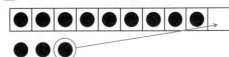

9に1をたして10のまとまりを考えます。

❸ 7+4=11　　❹ 8+8=16
　　3 1　　　　 2 6

❺ 9+5=14　　❻ 7+6=13
　　1 4　　　　 3 3

4 ❶ 5+7=12　　❷ 3+9=12
　　　 2 3　　　　 2 1

❸ 4+9=13　　❹ 6+8=14
　　3 1　　　　 4 2

❺ 5+6=11　　❻ 4+7=11
　　1 4　　　　 1 3

❼ 6+6=12　　❽ 5+8=13
　　2 4　　　　 3 2

5
あわせて ☐こ
赤 9こ　　青 6こ

ハイレベル++ 42〜43ページ

1 ❶ ❷
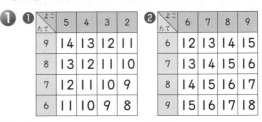

よこたて	5	4	3	2
9	14	13	12	11
8	13	12	11	10
7	12	11	10	9
6	11	10	9	8

よこたて	6	7	8	9
6	12	13	14	15
7	13	14	15	16
8	14	15	16	17
9	15	16	17	18

2 ❶ 7　　❷ 6
　　❸ 8　　❹ 6
　　❺ 8　　❻ 8
　　❼ 9　　❽ 4

3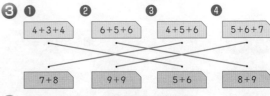
❶ 4+3+4　　❷ 6+5+6　　❸ 4+5+6　　❹ 5+6+7

7+8　　9+9　　5+6　　8+9

4 ❶ ❷

⑤ しき 6+5=11（きょう）

　　6+11=17

こたえ 17本（ほん）

⑥ しき 5+4=9（うつした あとの 白い（しろ） さら）

　　9+4=13

こたえ 13こ

考え方

❶ ❶

よこ たて	5	4	3	2
9				
8				
7				
6				

9+5
→ 9+4
9+3
9+2
の計算をします。

❷ 答えを10といくつと考えて，□を分解して考えます。

❶ 4+□=11　　答えの11は10と1
　　⌃　　　　4と6で10をつくると…
　　6 1　　　□は6と1で7

❷ 9+□=15　　答えの15は10と5
　　　⌃　　　9と1で10をつくると…
　　　1 5　　□は1と5で6

❸ 7+□=15　　答えの15は10と5
　　　⌃　　　7と3で10をつくると…
　　　3 5　　□は3と5で8

❹ □+8=14　　答えの14は10と4
　⌃　　　　　2と8で10をつくると…
　4 2　　　　□は4と2で6

❺ □+5=13　　答えの13は10と3
　⌃　　　　　5と5で10をつくると…
　3 5　　　　□は3と5で8

❻ □+6=14　　答えの14は10と4
　⌃　　　　　4と6で10をつくると…
　4 4　　　　□は4と4で8

❼ 7+3+□=19　答えの19は10と9
　⌄　　　　　7と3で10だから
　10　　　　　□は9

❽ □+6+7=17　答えの17は10と7
　　⌄　　　　□+6と7をたして17だ
　　10　　　　から
　　　　　　　□+6=10となり，
　　　　　　　□は4とわかります。

⑤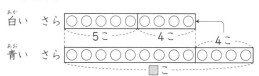

きのう　6本
5本
あわせて　17本
きょう　5本　おおい

⑥ 「白い皿の5個に，青い皿の4個を合わせたら，2つの皿のいちごの数が同じになった」ことが，ポイントになります。白い皿は，5+4=9（個）になるので，青い皿も9個であることがわかります。青い皿の4個を，白い皿へ移したので，はじめに青い皿には，9+4=13（個）あったことがわかります。

白い（あかい）　さら ○○○○○○○○○○○○○
5こ　　　4こ

青い（あおい）　さら ○○○○○○○○○○○○○○○○○
←4こ
□こ

アドバイス

学習のねらい　　　　　　　p.40−43

　1位数どうしの繰り上がりのあるたし算のしかたを理解させます。たす数か，たされる数のどちらかを分解して，10のまとまりをつくるという考え方を身につけさせます。ここでの計算は，上の学年で学習する「たし算の筆算」の基礎となるので確実にできるようにしましょう。

〈繰り上がりのある計算〉

　繰り上がりのある計算では，「10といくつ」という数のとらえ方が重要で，10に対する補数（9と1，8と2，7と3，6と4，5と5）の見つけ方がポイントになります。瞬時に10の補数が出てくるようにしておきましょう。

標準 レベル＋　　　　　　44〜45ページ

れいだい1

10から 8 を ひいて 2

2と 3 で 5

❶
$13 - 9 = ④$
10　3

10から 9を ひいて 1
1と ③で ④

❷
$15 - 8 = ⑦$
10　5

10から ⑧を ひいて ②
2と ⑤で ⑦

2 ❶3　❷6　❸3　❹5
　❺9　❻9

れいだい2

13から 3 を ひいて 10

10から 2を ひいて 8

3 ❶ $12 - 4 = 8$　❷ $15 - 6 = 9$
　　　2　(2)　　　　5　(1)

4 ❶7　❷8　❸8　❹8
　❺9　❻6　❼7　❽9

5 しき 14-6=8　　こたえ 8こ

考え方
1 くり下がりのあるひき算です。ひいてからたすので，減加法といいます。
2 ❶ $12-9=3$　　10から9をひいて1
　　10　2　　　1と2で3
　❷ $13-7=6$　　10から7をひいて3
　　10　3　　　3と3で6
　❸ $11-8=3$　　10から8をひいて2
　　10　1　　　2と1で3
　❹ $14-9=5$　　10から9をひいて1
　　10　4　　　1と4で5
　❺ $16-7=9$　　10から7をひいて3
　　10　6　　　3と6で9
　❻ $15-6=9$　　10から6をひいて4
　　10　5　　　4と5で9
3 ひいてから，またひくので，減減法といいます。
　くり下がりのあるひき算では，減減法も使えるようにしておきましょう。
4 ❶ $12-5=7$　　12から2をひいて10
　　2　3　　　10から3をひいて7
　❷ $14-6=8$　　14から4をひいて10
　　4　2　　　10から2をひいて8

❸ $15-7=8$　　15から5をひいて10
　5　2　　　10から2をひいて8
❹ $11-3=8$　　11から1をひいて10
　1　2　　　10から2をひいて8
❺ $17-8=9$　　17から7をひいて10
　7　1　　　10から1をひいて9
❻ $12-6=6$　　12から2をひいて10
　2　4　　　10から4をひいて6
❼ $16-9=7$　　16から6をひいて10
　6　3　　　10から3をひいて7
❽ $13-4=9$　　13から3をひいて10
　3　1　　　10から1をひいて9

5　　　　　あめ 14こ
○○○○○○○○ ⦸⦸⦸⦸⦸⦸
　　　　　たべた 6こ

問題を読んだらすぐに式を立てるのではなく，図に表して考えてみましょう。

ハイレベル++　　46~47ページ

1 ❶ $14-8=10-8+ 4 = 6$
　　10　4
　❷ $17-9=10-9+ 7 = 8$
　　10　7
　❸ $12-8=12-2- 6 = 4$
　　2　6
　❹ $13-6=13-3- 3 = 7$
　　3　3

2 ❶①6　②7　③14
　❷①13　②5　③7
　❸①6　②12　③3

3 ❶ [12-4]　❷ [11-5]　❸ [14-5]　❹ [16-9]
　[13-4]　[15-8]　[12-6]　[14-6]

4 ❶

❷

⑤ しき 13−4=9　　　　こたえ 9こ

⑥ しき 12−4=8(もらう　まえの　わたし)
　　　20−8=12　　　　こたえ 12本

考え方

❶ ❶ひかれる数の14に注目して，14を10と4
に分解し，10−8+4として計算します(減加
法)。❸ひく数の8に注目して，8を2と6に分解
し，12−2−6として計算します(減減法)。

❷ ❶① 15−□=9→□=15−9と考えます。ひ
　　　く数を求めるときは，ひき算です。
　　② 16−□=9→□=16−9と考えます。
　　③ □−5=9→□=9+5と考えます。ひかれ
　　　る数を求めるときは，たし算です。
　❷① □−6=7→□=7+6と考えます。
　　② 12−□=7→□=12−7と考えます。
　　③ 14−□=7→□=14−7と考えます。
　❸① 14−□=8→□=14−8と考えます。
　　② □−4=8→□=8+4と考えます。
　　③ 11−□=8→□=11−8と考えます。

⑤ 子ども ○○○○○○○○○○○○
　　　　　｜｜｜｜｜｜｜｜
　いす　 ○○○○○○○○

いすが4こたりないということは，子どもの方が
いすの数よりも4人多いことになります。

⑥ 姉からもらう前のわたしは，下の図のように，
(12−4)本もっていたことがわかります。姉はは
じめに(20−8)本もっていたことを理解させます。

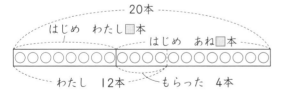

　　　わたし　12本　　　もらった　4本

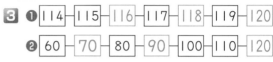

学習のねらい　　　　　　p.44−47

　11〜20から1位数をひく繰り下がりのある
ひき算のしかたを理解させます。ひかれる数を
「10といくつ」に分けて，その10からひくと
いう考え方を身につけさせます。ここでの計算
は，上の学年で学習する「ひき算の筆算」の基
礎となるので，確実にできるようにしましょう。

標準 レベル +　　　　　　48〜49ページ

れいだい1　56

❶ ❶47　　❷68　　❸45

❷ ❶80, 9, 89　　❷70
　❸6, 3　　❹9

れいだい2　①92　　②101　　③114

❸ ❶114−115−116−117−118−119−120
　❷60−70−80−90−100−110−120

❹ ❶あ97　　い106　　う118
　❷103　　❸108　　❹105

考え方

❶ 具体物の数を数えて，その数を数字で表します。
10以上の数を数える場合，10のまとまりが何個
と，1が何個あるかを数えることを理解させま
す。「10がいくつと1がいくつ」と数えさせてく
ださい。

❷ 数の構成をおさえます。一の位，十の位をしっ
かりと理解させてください。

❸ 数の並び方に目をつけます。
❶は1ずつ増え，❷は10ずつ増えています。

❹ 数が数直線上に表せることを理解させます。こ
こでは，数直線の1目盛りの大きさは1です。

❸
　　　　　　　　　　　←12小さい
　108 109 110 111 112 113 114 115 116 117 118 119 (120)

❹
　7つあと　　　　　　　　　7つまえ
　(98) 99 100 101 102 103 104 105 106 107 108 109 110 111 (112)

ハイ レベル ++　　　　　　50〜51ページ

❶ ❶26, 39, 47, 58
　❷67, 76, 78, 86, 87
　❸101, 109, 114, 117, 120

❷ ❶55−65−75−85−95−105−115
　❷120−110−100−90−80−70−60
　❸101−104−107−110−113−116−119
　❹112−108−104−100−96−92−88

❸ ❶25, 35, 45, 55, 65, 75
　❷22, 33, 44, 55, 66, 77
　❸20, 21, 22, 23, 30, 31, 32, 33
❹ ❶71　　　　　　❷76
　❸113　　　　　　❹108
　❺106
❺ ❶15　　　　　　❷8
❻ ❶5こ　　　　　　❷10こ
　❸69

考え方
❷ 数の並びのきまりを見つけて□に数を入れます。いくつとびになっているかを考えさせましょう。❶は10ずつ増え，❷は10ずつ減り，❸は3ずつ増え，❹は4ずつ減っています。
❸ 20から80までの数の構成を考えさせます。

❶ | 十の位 | 一の位 |
|---|---|
| □ | 5 |

⇦20から80までだから，□に入る数は，2，3，4，5，6，7の6個。

❸ 十の位が2か3で，一の位が0か1か2か3なので，20～23，30～33の8個。

❹ ❶
6大きい
⑥⑤ 66 67 68 69 70 [71]
1大きい

❷
7小さい
[76] 77 78 79 80 81 82 ⑧③
1小さい

❸
9大きい
⑩④ 105 106 107 108 109 110 111 112 [113]

❹
8小さい
[108] 109 110 111 112 113 114 115 ⑪⑥

❺
14大きい　14小さい
92　[106]　⑫⓪

❺ ❶ 50円玉1個→50円 }70円
　　5円玉4個→ 20円
　あと50円で120円だから，10円玉は5個。

❷ 10円玉3個→30円 }65円
　　5円玉7個→ 35円
　あと8円で73円だから，1円玉は8個。

❻ この問題では，5つの数のうち「2つの数字を使って」，「20より大きい数」を作るという条件があります。数を作るときは，十の位の数字を「6」「9」などと決めてから一の位の数字をあてはめるとよいでしょう。

❶ 65より大きい数をすべて書くと，69，92，

93，94，96の5個あります。

❷ 45より小さい数をすべて書くと，23，24，26，29，32，34，36，39，42，43の10個あります。

❸ 80に近い数は，92と69の2つが考えられますが，92は80と12離れていて，69は80と11離れているので，69がいちばん近い数になります。

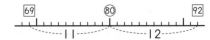

れいだい1　①23+4= [27]
　　　　　　②27-3= [24]

❶ ❶67　　　　　❷83
　❸95　　　　　❹58
　❺90　　　　　❻99
❷ ❶50　　　　　❷90
　❸83　　　　　❹63
　❺91　　　　　❻85
❸ しき　34+5=39　　こたえ　39まい

れいだい2　60+ [20] = [80]　　[80] まい

❹ ❶100　　❷90　　❸60
　❹90　　❺100　　❻100
❺ ❶60　　❷50　　❸40
　❹50　　❺70　　❻30
❻ しき　100-60=40　　こたえ　40円

考え方
❶ 十の位と一の位を分けて考えます。
　❹ 56+2=50+6+2=50+8=58
　❻ 6+93=6+90+3=90+9=99
❷ ❸ 88-5=80+8-5=80+3=83
　❺ 95-4=90+5-4=90+1=91
❸
❹❺ 10をひとまとまりと考えます。

ハイ レベル ++　　　54〜55ページ

❶ ❶79　　　　　　　❷25
　❸24　　　　　　　❹78
　❺89　　　　　　　❻31
　❼99　　　　　　　❽22
　❾73　　　　　　　❿96

❷ ❶ しき 60 + 24　　　こたえ 84

　❷ しき 35 + 60　　　こたえ 95

❸ ❶84　　❷62　　❸52　　❹49
　❺35　　❻28

❹ しき 40+35=75　　こたえ 75こ

❺ しき 47−20=27
　こたえ （赤い）きんぎょが（27）ひき おおい。

❻ しき 38+23=61　　こたえ 61まい

❼ しき 72−39=33　　こたえ 33こ

考え方

❷ この問題では，具体物に置き換えてある数を計算します。太陽，月，星などがそれぞれいくつを表しているか，それがいくつあるかを調べます。いくつといくつをたすのかを考えましょう。
　❶ 30＋30と20＋4で，60＋24＝84
　❷ 30＋5と20＋40で，35＋60＝95

❺ 「どちらがどれだけ多い」の場合は，ひき算をすることを理解させます。

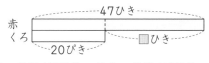

❻ 赤い色紙が38枚，黄色い色紙が23枚，合わせて何枚あるか，たし算で考えます。「30＋20」に「8＋3＝11」をたして考えましょう。
　38＋23＝30＋8＋20＋3＝50＋11＝61

❼ 青のおはじきは，72個から39個をひきます。一の位が2と9のひき算なので，「72＝60＋12」などと分けて，「12−9」をつくるとわかりやすいです。
　72−39＝60＋12−30−9
　　　　＝60−30＋12−9
　　　　＝30＋3＝33　と考えます。

7章　たしざんと　ひきざん

標準 レベル +　　　56〜57ページ

れいだい1　6+ 7 = 13　　　13 人

❶ しき 12−4=8　　　こたえ 8人
❷ しき 13−6=7　　　こたえ 7さつ

れいだい2　3 +1+ 4 = 8　　　8 人

❸ しき 6+1+4=11　　こたえ 11人
❹ しき 12−4=8　　　こたえ 8こ

考え方

❶ 図に表して考えます。

❷
　左に 7さつ　　のりもの

❸
　前に 6人　けんと　うしろに 4人

❹ 問題の図を見て考えます。りんごはみかんの12個よりも，4個少ないことを式にすると，「12−4」になることを理解させます。

ハイ レベル ++　　　58〜59ページ

❶ しき 30+8=38(女の子)
　30+38=68　　　こたえ 68人

❷ しき 99−57=42(れなさん)
　57−42=15　　　こたえ 15円

❸ しき 11−5=6(クワガタムシ)
　11+6=17(カブトムシ+クワガタムシ)
　20−17=3
　　　　　　　　　こたえ 3びき

❹ しき 7−2=5(きょう)
　20−7−5=8(もらう まえ)
　8+6=14
　　　　　　　　　こたえ 14まい

⑤ **しき** 18−5−6−1−1=5　**こたえ** 5人

⑥ **しき** 14+6=20(もらった　あと)
　　　　8+8=16(あげた　あと)
　　　　20−16=4

　　　　　　　　　　　　こたえ 4まい

考え方

❶ 女の子の数は(30+8)人。男の子と女の子を合わせた人数を求めます。

❷ まず，れなさんのはらった金額を求めます。問題は「れなさんはおねえさんよりなん円すくなくはらったか」なので，れなさんの払った金額とお姉さんの払った金額の差を求めます。れなさんの払った金額を答えとする間違いが多いので，注意しましょう。

❸ 飛んできたクワガタムシの数を答える問題です。もともと木にとまっていたのは，11匹のカブトムシと，カブトムシよりも5匹少ないクワガタムシ6匹です。問題にも図を載せていますが，もともといた11匹と6匹，飛んできた□匹を合わせて20匹になることを理解させます。

❹ 問題文を読んで，順序立てて考えます。今日使った枚数は，昨日の7枚より2枚少ないので5枚。持っていた20枚から昨日と今日で使った枚数をひくと，20−7−5で8枚。もらった6枚をたすと14枚になります。
　持っていた枚数ともらった枚数の合計20+6=26から，使った枚数7+5=12をひいて26−12=14(枚)と考えることもできます。

❺ 図に表して，全体の人数からあやかさんとたけしさんの2人もひくことを理解させます。

❻ お母さんからもらったあとは14+6=20(枚)になり，妹に何枚かあげたあとは8枚の倍の16枚になっていることを，図に整理して考えます。妹にあげたのは20−16=4(枚)になります。

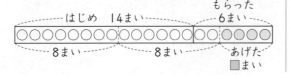

💡 思考力育成問題　60〜61ページ

❶ **しき** 6+4−1=9(たなの　かず)
　　　　9−3+1=7　**こたえ** 7ばん目

❷ **しき** 28−5=23　**こたえ** 23こ

❸ **しき** 23+23=46　**こたえ** 46こ

❹ **しき** 11+11+11+11=44
　　(ひつような　チョコレートの　かず)
　　46−44=2

　　　　　　　　　　　　こたえ 2

考え方

思考力を育てる「おはなし」の問題です。まずは問題をしっかり読んで，内容を理解しましょう。

❶ くまチョコレートの棚は，右から6番目で，左から4番目。棚は9個あることがわかります。

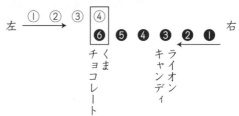

ライオンキャンディは右から3番目の棚にあります。左から数えると，9−3+1=7(番目)になります。

❷ 「ライオンキャンディは28個入り」「くまチョコレートの1袋はライオンキャンディの1袋より5個少ない」の記述を読み取ります。

❸ 「くまチョコレートの1袋はライオンキャンディの1袋より5個少なかったので，足りなくならないように2袋買った」という記述から，くまチョコレートは❷で求めた23個の2袋分で23+23=46(個)だとわかります。

❹ 「4人で，1人11個ずつくばる」ことから，必要なくまチョコレートの数は，11+11+11+11=44(個)。❸でくまチョコレートは46個とわかっているので，46−44=2(個)あまります。

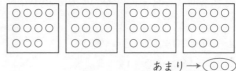

あまり→◯◯

20

標準 レベル+　　　　62〜63ページ

れいだい1

ながいのは　⎡ ⓘ ⎤

1 ❶ⓘ　　　　❷あ

2 ❶ⓘ　　　　❷ⓘ

3 ❶たて　　　　❷たて

れいだい2

ながいのは　⎡ ⓘ ⎤

4 ❶ⓘ　　　　❷う

5
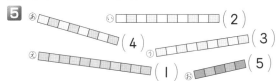

考え方

1 鉛筆の長さをはしを揃えて比べています。はしを揃えて並べて比べる方法を「直接比較」と言います。❶と❷のはしの揃え方が違うことをおさえておきましょう。

2 ❶も❷もⓘをピンと伸ばすとあよりも長くなります。イメージがわかない場合は、リボンや糸などを使って、ゆるみを持ったものをピンと伸ばすと長くなることを経験させておきましょう。

3 ❶ 紙を折り返して、横の長さが縦の長さよりも短いことを確認しています。

　❷ 横の長さをテープに鉛筆で印をつけて、縦の長さと比べています。長さを比べるときに直接並べたり、重ねたりできないときは、このようにテープなどを使って間接的に比べます（間接比較）。

4 それぞれの車両がいくつ分あるかを数えさせます。あ…6両、ⓘ…7両、う…5両　あるものを基準に、いくつ分あるかで比べる方法です。

5 それぞれが何目盛り分あるかを数えさせます。あ…8、ⓘ…10、う…9、え…11、お…5

4 5 とも、2年生で学習する物差しを使った長さの測り方のもとになる考えです。

1 ❶
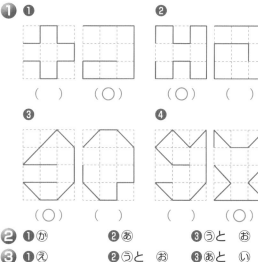

❶ （　）　　❷ （◯）　　❶ （◯）　　❷ （　）

❸ （◯）　　❶ （　）　　❶ （　）　　❷ （◯）

2 ❶か　　　　❷あ　　　　❸うと　お

3 ❶え　　　　❷うと　お　　　　❸あと　ⓘ

4 ❶か　　　　❷ⓘ　　　　❸3つぶん

　　❹えと　き

考え方

1 直線（▢や▮），斜線（▨）がいくつあるかで考えます。

　❶ 左：直線11個，右：直線12個→右が長い。

　❷ 左：直線15個，右：直線14個→左が長い。

　❸ 左：直線7個＋斜線5個，右：直線7個＋斜線3個→斜線の長さから，左が長い。

　❹ 左：直線6個＋斜線6個，右：直線7個＋斜線6個→直線の長さから，右が長い。

2 それぞれが何目盛り分あるか数えさせます。それぞれの数は、あ…4、ⓘ…3、う…5、え…7、お…2、か…6、き…8です。

　❶ ⓘは3なので、その2つ分は6でかになります。

　❷ きは8なので、その半分は4であになります。

　❸ あの4とⓘの3を合わせて7です。同じ長さになるのは、うの5とおの2を合わせたときです。

3 直線がいくつあるか数えさせます。

　あ…11、ⓘ…14、う…12、え…16、お…13

　❷ あとⓘを合わせると、11＋14＝25になります。同じ長さになる組み合わせは、12＋13＝25で、うとおです。

　❸ えとおのちがいは16−13＝3になります。

ちがいが同じになる組み合わせは，14－11
＝3で⑧と⑥です。

④ えんぴつが何目盛り分あるか数えさせます。
⑧…4，⑥…3，⑦…11，⑧…6，⑧…2，
⑨…8，⑧…12です。数を図に書いておきま
しょう。

❶ ⑧は2なので，⑧の4つ分の長さは8になり
ます。8の長さは⑨です。

❷ ⑨は12なので，⑨の半分の長さは6，その
半分の長さは3になります。3の長さは⑥で
す。

❸ ⑧は6なので，⑧の2つ分の長さは12にな
ります。⑧は4なので，⑧の3つ分の長さで
12になります。

❹ ⑧と⑧を合わせた長さは6で，その3つ分の
長さは，18になります。18になる組み合わ
せは，6＋12＝18で，⑧と⑨です。

標準レベル＋   66～67ページ

れいだい1

おおいのは ⑥

1 ⑧
2 ❶ ❷ ❸

( ) (○) (○) ( ) (○) ( )

れいだい2

① ⑧… 4 はいぶん   ⑥… 6 ぱいぶん

② おおいのは ⑥

3 ❶⑥   ❷ 5 はいぶん

考え方

1 低学年では，体積を「嵩（かさ）」と呼びます。
ここでは，単位を使わずに大小を比較します。水
の高さが同じなので，底の大きさで比べます。

2 ❶ 水の高さが同じなので，底の大きい右の方が
多く入っています。

❷ 底の大きさが同じなので，水の高さで比べま
す。左の方が高いので，多く入っているのは
左です。

❸ 2つとも同じ大きさの容器ですが，右の方が
底の大きさが小さいことから，右の方が左よ
り水が少ないことがわかります。

ハイレベル＋＋   68～69ページ

1 ⑧に×，⑦に○
2 ❶5はい   ❷12はい   ❸⑧と ⑦
3 ❶4こぶん   ❷5こぶん
   ❸8こぶん   ❹9こぶん
4 ❶5本ぶん   ❷10本ぶん
   ❸⑦3本   ⑥5本

考え方

1 同じ量の水を入れることに注意します。⑧の水
がいちばん高いので，いちばん小さい入れ物は⑧
です。⑥と⑦の入れものは，水の高さは同じくら
いですが，⑥の上側の部分が小さくなっているの
で，⑦の方がいちばん大きな入れものだといえま
す。

2 ペットボトルには，4つの目盛りが入っていま
す。まず，1目盛りでコップ2杯分なので，1目盛
りの半分が1杯であることを理解させます。難し
い場合は，図の目盛りの間に，線をつけ，コップ
1杯分をわかりやすくすることもできます。
⑥は，2目盛り半なので5杯分です。
⑦は，3目盛り半なので7杯分です。
❸ ⑧の8杯分と⑦の7杯分を合わせると，15
杯分になります。

3 1目盛りで醤油入れ2個分になるので，1目盛り
の半分が醤油入れ1個分になります。

❶ ペットボトルに2目盛り分醤油が入ってい
ることから，醤油入れが2＋2＝4(個分)にな
ることがわかります。

❷ ペットボトルに入っている醤油は2目盛り
分と，さらに1目盛りの半分です。この半分
の量は，醤油入れ1個分になると考えられる
ことから，❶の4個分にさらに1個分をたし
た5個分です。

❸ 4目盛り分なので，2＋2＋2＋2＝8（個）分
です。

❹ 4目盛りと1目盛りの半分なので，❸の8個
分にさらに1個分をたした9個分です。

④ ❶ わかりにくい場合は，図にしてみましょう。
○などでコップ30杯を表し，6杯ずつ区切る
と，㋐のいくつ分になるかわかります。
㋐の1本分でコップ6杯分なので，コップ30
杯は㋐の5本分になります。
○○○○○○|○○○○○○|○○○○○○|
○○○○○○|○○○○○○|

❷ ㋑の3本分でコップ6杯分なので，まず，㋑
の1本分でコップ2杯分になることを理解さ
せます。そして，コップ20杯を2杯ずつ区切
ると，㋑の10本分になることがわかります。
○○|○○|○○|○○|○○|○○|○○|○○|○○|○○|

❸ ㋐，㋑の組み合わせについて，何杯になるか
考えていきます。
㋐1本と㋑7本…6＋14＝20（杯）
㋐2本と㋑6本…12＋12＝24（杯）
㋐3本と㋑5本…18＋10＝28（杯）
㋐4本と㋑4本…24＋8＝32（杯）
　　　　　　　　⋮
よって，㋐3本と㋑5本があてはまります。

標準レベル＋　　　　70～71ページ

れいだい1

ひろいのは　�になります。

❶ あ ➡ う ➡ い
❷ あ
れいだい2

ひろいのは　い

❸ あ
❹ あ3　　　　い4　　　　う1　　　　え2
考え方
❶ はしを揃え，重ねて広さを比べています（直接比
較）。いちばん広いのは「重ねてもたくさん見えて
いるあ」というように，言葉で説明させてみま
しょう。

❷ 絵が何枚貼ってあるかで比べます。あは9枚，
いは8枚貼ってあるので，あが広いです。

❸ □の数のいくつ分かで比べます。あは18個，い
は17個なので，あが広いです。

❹ 色を塗った部分がいくつあるかで比べます。あ
は7個，いは6個，うは9個，えは8個です。

ハイレベル＋＋　　　　72～73ページ

❶ ❶ 2こ
　❷ いが　2こ　すくない。
　❸ あと　お
　❹ 3こ
❷ （　い　）➡（　う　）➡（　あ　）
❸ あ が（　2　）つぶん　おおい。
❹ ❶ い
　❷ 青い　ところ
　❸ 3つぶん

考え方
❶ それぞれの数は，あ…12個，い…11個，う…
10個，え…13個，お…12個です。
❹ いちばん多いのはえの13個，いちばん少な
いのはうの10個なので，その差は3個です。

❷ あは19個，いは21個，うは20個なので，いが
いちばん広いです。

❸ \ を数えさせます。あは40個，いは38個で，
あが2つ多いです。

❹ △の数のいくつ分かで比べます。
青と黄色と白の部分は，次のようになります。
　あ　青…12，黄色…10，白…8
　い　青…12，黄色…12，白…6
❶ あは，12＋10＝22で，いは12＋12＝24
だから，広いのはいになります。
また，白の部分の個数が少ない方が広いと考
えて答えを導くこともできます。
❷ 青の部分は12＋12＝24で，黄色の部分は，
10＋12＝22だから，広いのは青い部分にな
ります。
❸ あの黄色と白の部分は，10＋8＝18だから，
いの白い部分（6個）の3つ分になります。

アドバイス

学習のねらい　　　　　p.62-73

　ブロックや方眼などを使って間接比較ができるようにします。長さ，かさ，広さとも，単位を扱わない比較のみの問題にしてあります。実際に身近な容器やカードなどを使って調べさせ，理解を深めていきましょう。

9章　せいりの　しかた

標準 レベル +　　　74〜75ページ

れいだい

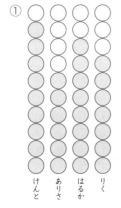

①
けんと　ありさ　はるか　りく

② けんと（さん）

③ りく（さん）

④ [2] こ

1 ❶

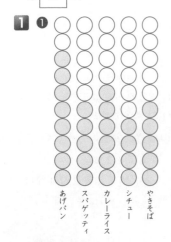

あげパン　スパゲッティ　カレーライス　シチュー　やきそば

❷ あげパン

---

❸（スパゲッティ）　と　（やきそば）

❹（カレーライス）を　えらんだ　人が　（２）人　おおい。

考え方

1 2年生で学習する表とグラフの単元につながる内容です。チェック印(✓)や×をつけて，重複して数えたり，数え漏れのないようにします。

ハイ レベル ++　　　76〜77ページ

❶ ❶

とり	スズメ	キジバト	メジロ
日	11	10	9

❷（メジロ）が　（１）日　すくない。

❷ ❶

名まえ	たろう	はるな	だいき	りな	ももか
かず	7	4	6	3	5

❷ だいき（さん）

❸（れい）いちばん　人気の　ある　くだものはいちごです。

❹ ❶ おとうさん　　　❷ 5かい目

　　❸ 3かい目

考え方

❶ ❶ 印をつけながら数えて，重複や数え漏れのないようにしましょう。

　❷ 表に整理しておくと，違いが一目でわかることを実感させましょう。

❷ ❶ ここでは，それぞれの子どもごとに，横に表を見ていくことを理解させます。

❸ 「いちごを選んだ人はバナナを選んだ人より2人多いです。」「一番人気がなかったのはバナナです。」など，読み取りができていれば正解です。

❹ ❶ 点数の合計は，次のようになります。

お父さん　…4+3+3+1+3=14(点)

お母さん　…3+2+2+2+4=13(点)

お姉さん　…2+1+4+4+1=12(点)

ゆうじさん…1+4+1+3+2=11(点)

❷ ゆうじさんとお姉さんの得点を比較する問題ですが，順位の入れ替えの相手はお父さんであることに注意します。ゆうじさんがお姉さんと同じ点数になるには，12-11=1で，

あと1点必要になるので，お父さんがゆうじ
さんより1点多く得点している5回目が答え
となります。

❸ ゆうじさんとお母さんの得点の差は
13−11＝2で，2点ですが，順番の入れ替え
の相手もお母さんなので，ゆうじさんが1点
増えて，お母さんが1点減ると差が2点分縮
まることを理解させます。3回目の点数はお
母さんが1点高いので，これを入れ替えれば
よいことがわかります。

10章　とけい

標準レベル＋　　　　78〜79ページ

れいだい1

ながい　はりは　12の　すう字を，みじか
い　はりは　8の　すう字を　さして　いま
す。いま　8じです。

■ ❶4じ　　　　❷12じ　　　　❸9じ
2 ❶3じ　　　　❷7じ　　　　❸5じ

れいだい2

ながい　はりは　6の　すう字を，みじか
い　はりは　1と　2の　すう字の　あい
だを　さして　います。いま　1じはんです。

3 ❶9じはん　　❷4じはん　　❸11じはん
4 ❶10じはん　　❷3じはん　　❸7じはん

考え方

1 時計は日常の生活でも頻繁に使われるので，時
計の表し方や時計の読み方をしっかり身につけさ
せましょう。まずは短い針が「何時」を示し，長
い針が「何分」を示すことを覚えさせてください。
長い針が12を指しているときは「何時」と読む
ことをおさえましょう。

❶ 長い針が12，短い針が4を指しているので，
4時です。

❷ 長い針と短い針が両方とも12を指している
ので，12時です。

❸ 長い針が12，短い針が9を指しているので，
9時です。

3 長い針が6を指しているときは「何時半」です。
短い針が数字と数字の間を指していますが，12
と1の場合を除き，小さい方の数字を「何時」と
読ませます。短針と長針の読み間違いをしてしま
うケースが多いので，注意しましょう。

❶ 短い針が9と10の間にあるので，小さい方
の9を読みます。

❷ 短い針が4と5の間にあるので，小さい方の
4を読みます。

❸ 短い針が11と12の間にあるので，小さい
方の11を読みます。

ハイレベル＋＋　　　　80〜81ページ

❶ ❶

❷

❸

25

❹
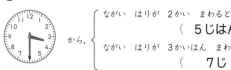
ながい はりが 2かい まわると
（ 5じはん ）
ながい はりが 3かいはん まわると
（ 7じ ）

❷ ❶

20ぷんあとは （7じ50ぷん）
20ぷんまえは （7じ10ぷん）

❷

40ぷんあとは （2じ40ぷん）
30ぷんまえは （ 1じはん ）

❸

10ぷんあとは （10じ40ぷん）
20ぷんまえは （10じ10ぷん）

❸ 30ぷん

考え方

❶ ❶ 10時から長い針が6に進むと10時半に，長い針が1回転すると11時になります。

❷ 8時半から長い針が12に進むと9時に，長い針が1回転すると9時半になります。

❸ 1時から長い針が6に進むと1時半になります。1時から長い針が2回転すると3時，そこからさらに半回転すると3時半になります。

❹ 3時半から長い針が2回転すると5時半になります。3時半から長い針が3回転すると6時半，そこからさらに半回転すると7時になります。

ポイント　時計の短い針，長い針の意味について確認しておきましょう。

短い針…1つの数字から次の数字に動くと1時間。1周すると12時間になる。

長い針…1目盛りで1分，1つの数字から5目盛りあとの次の数字に動くと5分，1周すると60分（1時間）になる。

❷ ❶「20分後」は6のところにある長い針が10に移動します。「20分前」は今6のところにある長い針が2に移動します。

❷ 時計は2時を表しています。40分後は2時

40分，30分前は1時30分になります。

❸ 時計は10時半を表しています。10分後は10時40分，20分前は10時10分です。

❸ まず，みさきさんが勉強していた時間が何時間何分かを求めます。勉強していたのは，9時半から12時まで（①）と，5時から6時半まで（②）です。9時半から長い針が2回転半して12時になるので，①は2時間半です。5時から6時半まで，長い針は1回転半するので，②は1時間半です。①と②を合わせると，長い針が4回転することから，ぜんぶで4時間です。

また，みさきさんが遊んでいた時間は1時から4時半なので，3時間半です。このことから，勉強していた時間は遊んだ時間より30分多いことがわかります。

標準レベル+　　82〜83ページ

れいだい1
①8じ5ふん　　②8じ15ふん

❶ ❶　　　❷　　　❸
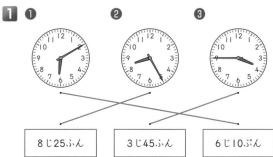
8じ25ふん　　3じ45ふん　　6じ10ぷん

れいだい2
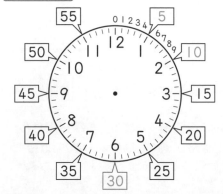

❷ ❶9じ15ふん　　❷2じ40ぷん
❸11じ25ふん

26

2 文字盤の数字1，2，3，…を長い針がそれぞれ指すとき，時刻は，5分，10分，15分，…を表すことを理解させます。れいだいの図にかき込むことで，5とびの数になっていることを，しっかりおさえさせましょう。

① 短い針が9と10の間にあるので，「9時」，長い針が3を指しているので「15分」。時刻は「9時15分」です。

② 短い針が2と3の間にあるので「2時」，長い針が8を指しているので「40分」。時刻は「2時40分」です。

③ 短い針が11と12の間にあるので「11時」，長い針が5を指しているので「25分」。時刻は「11時25分」になります。

ハイ レベル＋＋   84〜85ページ

① ❶1じ58ふん
❷6じ26ぷん
❸3じ37ふん
❹5じ11ぷん
❺2じ9ふん
❻7じ24ぷん
❼4じ59ふん
❽8じ42ふん
❾10じ13ぷん

① ここでは，1分単位の時刻を学習します。文字盤の数字の間が5等分されていて，最小の目盛りが1分であることを理解させます。最初に短い針で「時」を読み，次に長い針で「分」を読みます。長い針を読むときは，1分ずつ数えていくよりも，先に5分刻みで数えてから半端の数を読むことで，速く読めるようになります。

❶ 1時55分から3つ数えて，1時58分（2時から2つ戻って，1時58分）

❷ 6時25分から1つ数えて，6時26分

❸ 3時35分から2つ数えて，3時37分

❹ 5時10分から1つ数えて，5時11分

❺ 2時5分から4つ数えて，2時9分（2時10分から1つ戻って，2時9分）

❻ 7時20分から4つ数えて，7時24分（7時25分から1つ戻って，7時24分）

❼ 4時55分から4つ数えて，4時59分（5時から1つ戻って，4時59分）

❽ 8時40分から2つ数えて，8時42分

❾ 10時10分から3つ数えて，10時13分

② ❶ 時計は1時10分から3つ数えて，1時13分です。1時13分から17分経つと，長い針が6を指すので，1時30分になります。

❷ 時計は4時45分を表しています。4時45分の15分前は4時30分です。

❸ 10時20分から40分経つと，長い針が12を指すので，11時になります。

③ 短い針は12分ごとに1目盛りずつ進んでいきますが，目盛りのおおよその位置が合っていれば正解として構いません。

❶ 1時間前は7時20分，2時間前は6時20分，…と考えると，5時間前は3時20分です。

❷ 9時15分の短い針の数字を7つ分進めると「10」→「11」→「12」→「1」→「2」→「3」→「4」となり，答えは4時15分です。

❸ 「1じかん50ぷんまえ」を「1じかんまえ」と「50ぷんまえ」に分けて考えましょう。4時40分の1時間前は3時40分です。そこからさらに50分前になります。3時40分の40分前が3時なので，3時40分の50分前は，3時10分前の2時50分になります。

11章 かたち

標準 レベル+　　86〜87ページ

れいだい1

　あ

1　①あうえきく
　　②いおかけこ

2　①5(こ)
　　②3(こ)

れいだい2

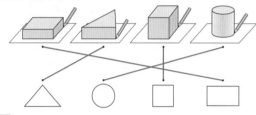

3　①い, え
　　②あ, い

考え方

1　2年生の箱の形につながる学習です。身の回りにある、いろいろな入れ物の形に興味・関心を持たせるようにしましょう。

ハイ レベル++　　88〜89ページ

❶　①お, はこの かたち
　　②う, つつの かたち

❷　①▱ の かたち（1つ）
　　　▱ の かたち（2つ）
　　　▭ の かたち（4つ）
　　　◯ の かたち（1つ）

　　②▱ の かたち（2つ）
　　　▱ の かたち（1つ）
　　　▭ の かたち（4つ）
　　　◯ の かたち（3つ）

❸　う

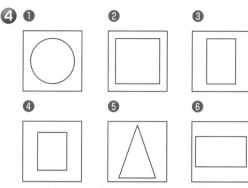

考え方

❶　①のえは、低くても筒の形(円柱)に含まれます。円柱は向きによっては、転がりますが、おのチョコレートは箱の形で、転がりません。身近なものを使って、違いを実際に示して理解させましょう。②はう以外が三角柱になっています。

❷　いろいろな形が組み合わさって、立体的になっているところから、どの形かを見分けさせます。
❶は、後ろの部分が箱の形で、前方はさいころの形が2つ積み上げられています。下の部分には筒の形を4つ使っています。
❷は、「腕」の部分が筒で、「腕」の先はボールの形を使っています。

❸　見る角度によって見える形が異なることに気づかせましょう。問題の形(円柱)は上から見ると円に見えますが、横から見ると長方形(もしくは正方形)に見えます。

❹　外側から見ると複雑な形になっていても真ん中で切ると、切り口が円や四角形などの単純な図形になることがあります。実際に経験させて、理解させましょう。

アドバイス

学習のねらい　　p.86−89

　空間図形と、平面図形の形の認識ができるようにします。空間図形は、さいころの形(立方体)、箱の形(直方体)、筒の形(円柱)、ボールの形(球)を扱いますが、見る方向によって、形の見え方が変化するので、できるだけ具体的な物を使って説明し理解を深めさせましょう。

れいだい1

 ① ②

（ 3 ）まい　　　　　（ 4 ）まい

1 ❶ 　❷ 　❸

（ 4 ）まい　（ 4 ）まい　（ 3 ）まい

❹ 　❺ 　❻

（ 3 ）まい　（ 3 ）まい　（ 5 ）まい

れいだい2

① 　② 　③

（ 4 ）本　（ 3 ）本　（ 7 ）本

2 ❶11本
❷19本
❸13本
❹17本

3 ❶4本
❷4本

考え方

1 三角形の板が何枚でできているかを考えます。できたら実際に色紙などを並べて遊んでみましょう。1年生の時期に，積み木遊びやカード遊びを繰り返しておくと，学年が上がってから，図形の問題に対するハードルが下がります。

2 数え間違いがないように，数えたところにチェック印（✓）をつけさせましょう。

3 ❶
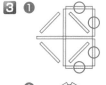

❷
 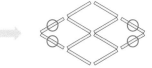

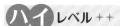
1 ❶あ，え
❷い，か
❸く

2 い，お

3 ❶ 　❷

❸ 　❹

❺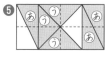

4 ❶4（本）

❷5（本）

考え方

1 まず，棒と粘土の数を数え，それぞれの形の横に書いておきましょう。数え間違いをしないように，数えたところにマークをつけながら数えさせます。

あ 　い 　う 　え

お 　か 　き 　く

あ　棒…5　粘土…5（棒と粘土が同じ数。）
い　棒…9　粘土…6（棒が粘土より3つ多い。）
う　棒…6　粘土…4（棒が粘土より2つ多い。）
え　棒…6　粘土…6（棒と粘土が同じ数。）
お　棒…7　粘土…6（棒が粘土より1つ多い。）
か　棒…8　粘土…5（棒が粘土より3つ多い。）
き　棒…12　粘土…8（棒が粘土より4つ多い。）
く　棒…15　粘土…10（棒が粘土より5つ多い。）

❷ 次の図のように，それぞれの形を四角で囲んで，斜めの線は，縦にいくつ分，横にいくつ分かを考えていきます。回転すると⑧とぴったり重なるものは，⑥と⑧の２つになります。⑧はひっくり返すと重なりますが，回転しても重ならないことに注意させます。

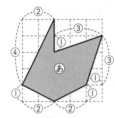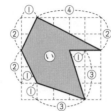

❸ 色板の並べ方は他にもあります。下の図のように，一部の色板の種類や向きが答えと違っていても，問題の枚数通りになっていれば正解です。

❹ 数え棒など（マッチ棒やつまようじなど）を使って，実際に動かしてみましょう。動かした棒は，❶が４本，❷が５本あるので，見落としのないように注意させます。

アドバイス

学習のねらい   p.90-93

　色板や棒などを使って形を作り，数え上げや，移動，分解を練習します。実際に形をつくらせて理解させることが大切です。高学年になると，規則性の問題にこのような図形がからんで出題されることがあります。しっかり学習させましょう。

思考力育成問題　　94〜95ページ

❶①6　　　　　　　　　　②5
❷2, 5
❸⑦3　　　　　⑦2　　　　⑦6
　⑦2　　　　　⑦6　　　　⑦4

考え方

❶ さいころには「1」から「6」までの数字が使われています。「1」の向かい側は「6」，「2」の向かい側は「5」，「3」の向かい側は「4」で，合わせた数がどれも7になっています。
　①のさいころは，上の数が「1」ですから，底の数（下に隠れている数）は「6」になります。
　②は，上の数が「2」ですから，底の数は「5」だとわかります。

❷ さいころの上の数が「6」ですから，底の数は「1」になります。また，図では「4」が見えていて，その向かい側には「3」が入ります。⑦にあてはまるのは残りの「2」または「5」です。
　問題文に「⑦にあてはまる数をすべて答えなさい」とあることに注意させましょう。

❸ さいころの展開図を示しています。さいころを組み立てた形を想像して思考力を養うことをねらっています。
　⑦に向かい合うのは「4」，⑦に向かい合うのは「5」，⑦は「1」と向かい合うことから考えます。同じように，⑦と向かい合うのは「5」，⑦と向かい合うのは「1」，⑦と向かい合うのが「3」になります。

　さいころの問題は，空間認識の問題です。このような空間把握能力を問う問題に1年生のうちから慣れ親しんでおくことで，高学年になってからの理解度に差が出ます。
　ご家庭では，実際に紙を切って展開図を組み立ててみたり，ティッシュペーパーの空き箱を切りひらいてみたりするなど，実体験をおすすめします。実体験を重ねていくことで，少しずつ空間把握能力が養われるようになっていきます。

しあげのテスト(1) 巻末折り込み

1 (1)① 5 ② 17 ③ 14 ④ 6
 ⑤ 15 ⑥ 7 ⑦ 47 ⑧ 55
 (2)① 12 ② 4 ③ 10 ④ 9
 ⑤ 4, 16, 19

2 (1)① え ② う と き
 (2)① 白 ② 赤
 (3)い, う

3 (1)19, 18, 16 (2)11, 9, 7, 6, 3
 (3)11, 12, 16, 18

4 (1)6ばん目 (2)4人

5 (1)① 6じ15ふん ② 2じ53ふん
 ③ 10じ38ふん
 (2)13人 (3)9さつ
 (4)① 37, 47, 57, 67
 ② 33, 44, 55, 66
 ③ 66, 67, 68, 69
 (5)あめが 23こ おおい。
 (6)2わ

考え方

1 (1)⑦ 2位数どうしのたし算は, 2位数の十の位と一の位に分けて, 位ごとのたし算をします。
$15+32=(10+5)+(30+2)$ ←各位に分ける
$=(10+30)+(5+2)$ ←位ごとにたす
$=40+7=47$ ←40と7で47
⑧ 2位数どうしのひき算は, 2位数を十の位と一の位に分けて, 位ごとのひき算をします。
$87-32=80+7-30-2$ ←各位に分ける
$=80-30+7-2$ ←位ごとにひく
$=50+5=55$ ←50と5で55
(2)①② 理解が確かでない場合は, 数直線で確認しておきましょう。
① 0 1 2 3 4 5 6 7 8 9 10 11 12 13 14 15 16 17 18 19 20
5 小さい
② 0 1 2 3 4 5 6 7 8 9 10 11 12 13 14 15 16 17 18 19 20
4 大きい
⑤ 3ずつ増えています。

2 (1) あ～くのそれぞれの長さを調べておきます。
あ…8個, い…6個, う…3個, え…7個,
お…2個, か…4個, き…9個, く…5個

① うとかを合わせた長さは, 3+4=7(個)
7個の長さになるのは, え
② あとおの長さの違いは, 8-2=6(個)
他に6個の違いになるのは, うとき
(2) 三角がいくつ分になるか数えて比べます。
① 赤…三角22個分 ┐
 白…三角26個分 ┘→白が広い
② 赤…三角25個分 ┐
 白…三角23個分 ┘→赤が広い

4 問題を図にして考えるとわかりやすいでしょう。

(前から2番目)(前から5番目)(後ろから4番目)

5 (1)① 短い針が6と7の間にあるので, 「6時」を表します。長い針が「15」にあるので, 「15分」を表します。
②③ ①と同じですが, 長い針が「53」,「38」にあるので, 「53分」,「38分」と正しく読み取れるようにしましょう。
(2) てつぼうをしている子どもを基準にすると, ブランコをしている子どもは2人多く, すべりだいをしている子どもは1人少ないです。

てつぼう • • • | 4
ブランコ • • • • | • • 4+2=6
すべりだい • • • | 4-1=3

3つを合わせると, 4+6+3=13(人)になります。

(4)①

十の位	一の位
□	7

30から70までだから, 左の□に入る数は, 3, 4, 5, 6

(5)「どちらがどれだけおおい」などの場合は, ひき算することを理解させます。

あめ 53個
チョコ 30個 □個

(6) もともといたのは, すずめ13羽と, すずめより8羽少ないカラス5羽です。もともといた13羽と5羽と, 飛んできた□羽を合わせて20羽になることを理解させます。

しあげのテスト(2) 　巻末折り込み

1 (1)① 9 　② 17 　③ 10 　④ 2
　　⑤ 11 　⑥ 4 　⑦ 95 　⑧ 33
　(2)① 6 　② 4 　③ 36 　④ 15
　　⑤ 88, 100, 104

2 (1)① ⓘと　き 　② あと　え
　(2)① え, く 　② ⓘと　お

3 (1) 3 　(2) 4 　(3) 3

4 (1) 9, 5, 6
　(2) かった　かいすうが　3かい　おおい。

5 (1) 　　　　(2) 　　　　(3)

6 (1) 10本 　(2) 18まい 　(3) 16人

考え方

1 (1)⑤ $2+9=11$ 　　10に1をたして, 11
　　　　⌃
　⑥ $12-8=4$ 　　10から6をひいて, 4
　　　⌃
　　　2 6
　⑦ 位ごとのたし算をします。
　$24+71=(20+4)+(70+1)$ ←各位に分ける。
　　　　　$=(20+70)+(4+1)$ ←位ごとにたす。
　　　　　$=90+5=95$ 　　←90と5で95
　⑧ 位ごとのひき算をします。
　$49-16=40+9-10-6$ ←各位に分ける。
　　　　　$=40-10+9-6$ ←位ごとにひく。
　　　　　$=30+3=33$ 　←30と3で33
　(2)①② 理解が確かでない場合は, 数直線で確認
　　　しておきましょう。
　① 0 1 2 3 4 5 6 7 8 9 10 11 12 13 14 15 16 17 18 19 20
　　　　　　　□ 大きい
　② 0 1 2 3 4 5 6 7 8 9 10 11 12 13 14 15 16 17 18 19 20
　　　2　　　□　　1
　③ 1が　6こで　6
　　10が　3こで　30 ⎱合わせて　36
　④ いくつから9をひくと6になるかを考えま
　　す。
　　　$□-9=6$ 　→　$□=6+9$
　⑤ 4ずつ増えています。

2 (1) あ～くのそれぞれの広さを調べておきます。
　　あ…4個, ⓘ…8個, う…3個, え…10個,
　　お…7個, か…6個, き…9個, く…5個
　① えとおを合わせた広さは, $10+7=17$(個)
　　　他に17個の広さになるのは, ⓘとき
　② うときの広さの違いは, $9-3=6$(個)
　　　他に6個の違いになるのは, あとえ
　(2) ●●が4個つながっているところがあるのが,
　　あ, ⓘ, え, お, き, くで, 3個がう, かです。
　① 回転してあと重なるのはえとくで, ⓘとお
　　　は裏返さないとあと重なりません。
　② ①の他に回転して重なるのはⓘとおで, うと
　　　かはどちらかを裏返さないと重なりません。

3 小さい順に, 2, 3, 4, 5, 7, 8, 9です。
　(1) いちばん小さい数は2です。
　(2) 4番目に大きい数は5です。
　(3) 3番目に大きい数は7で, 右から2番目です。
　　4番目に小さい数は5で, 右から4番目です。
　　はさまれた数は右から3番目の数です。

5 (1) 7時50分の10分後は8時です。
　(2) 3時25分の25分前は3時です。
　(3)「50分」を「20分」と「30分」に分けるとわ
　　かりやすいです。4時40分の20分後は5時,
　　5時の30分後は5時30分です。

6 文章題では, 図をかいて考えると, 式がたてや
　すくなります。
　(1) はるかさんは $1+3=4$(本)　はるかさんはし
　　んさんより1本少なくもっていますが, これは
　　しんさんははるかさんより1本多くもっている
　　ということなので, しんさんは $4+1=5$(本)
　　ゆうと 　・　　　　　　1
　　はるか 　・|・・・　　$1+3=4$
　　しん 　・・・・|・　$4+1=5$
　　合わせると, $1+4+5=10$(本)になります。
　(2)
　　　　　　┌──── 7枚 ────┐
　　　昨日 ▨▨▨▨▨▨▨▨▨ ┌─4枚─┐
　　　今日 □□□□□□□□□□□□□
　　合わせると, $7+11=18$(枚)になります。
　(3)　　　┌───── ■人 ─────┐
　　　　　　　　（前から9番目）
　　ま│ ○○○○○○○○◉○○○○○○○○ │う
　　え│　　　　　　　　↑　　　　　　　　│し
　　　　　　　（後ろから9番目）　　　　　ろ

32

2 1 0 9 8 7 6 5 4 3
＊ ＊ D C B A